高等职业教育计算机类专业"十二五"规划教材

网页设计与制作

主　编　束学斌　赵翠荣

副主编　崔光竹　刘华敏

国防工业出版社

·北京·

内 容 简 介

本书体现工学结合的高等职业教育人才培养理念,强调"实用为主,必需和够用为度"的原则,在叙述理论知识的过程中,穿插大量实例,不仅符合高职学生的学习特点,而且紧密联系社会实际工作,真正实现学以致用。

全书共分 10 章,具体介绍了利用 Dreamweaver、Fireworks 和 Flash 这三种软件制作网页的具体方法和技巧。每章开始都列出明确的教学目标,便于教师教学和学生参考;每章末的"本章小结"有助于学生掌握本章知识的重点;实训项目则有助于学生运用所学知识提高网页设计的综合技能。

本书可作为高等职业院校计算机类相关专业的教材,也可作为网页设计人员的参考用书。

图书在版编目(CIP)数据

网页设计与制作/束学斌,赵翠荣主编.—北京:国防工业出版社,2011.6
高等职业教育计算机类专业"十二五"规划教材
ISBN 978 - 7 - 118 - 07538 - 0

Ⅰ.①网...　Ⅱ.①束...②赵...　Ⅲ.①网页制作工具 - 高等职业教育 - 教材　Ⅳ.①TP393.092

中国版本图书馆 CIP 数据核字(2011)第 121966 号

※

国防工业出版社出版发行
(北京市海淀区紫竹院南路 23 号　邮政编码 100048)
北京奥鑫印刷厂印刷
新华书店经售
*
开本 787 × 1092　1/16　印张 16½　字数 375 千字
2011 年 6 月第 1 版第 1 次印刷　印数 1—4000 册　定价 29.00 元

(本书如有印装错误,我社负责调换)

国防书店:(010)68428422　　　发行邮购:(010)68414474
发行传真:(010)68411535　　　发行业务:(010)68472764

前　言

随着互联网技术和电子商务的发展,越来越多的公司或机构需要开发自己的网站来宣传自己的产品和服务,用户通过浏览这些网站就可以了解相关信息。

目前比较流行的网页制作工具是 Macromedia 公司推出的 Dreamweaver、Fireworks 和 Flash 软件。本书以较新的 Dreamweaver 8、Fireworks 8 和 Flash 8 中文版为设计工具,在网页设计与制作的理论知识中适当穿插实例内容,从基础入手,由浅入深,讲练结合,全面介绍网页的制作过程和制作方法。

本书每章开始都列出明确的教学目标,便于教师教学和学生参考;每章末的"本章小结"有助于学生掌握本章知识的重点;实训项目则有助于学生运用所学知识提高网页设计的综合技能。

本书共分为 10 章。第 1 章介绍了有关网页的基础知识;第 2 章和第 3 章介绍了 Dreamweaver 8 的使用以及网页中各元素的设置方法;第 4 章介绍了 HTML 文档的结构及各类元素标记的用法;第 5 章和第 6 章介绍了三种常用的页面布局方式及样式的定义;第 7 章介绍了在页面中添加行为和脚本的操作方法;第 8 章介绍了使用 Fireworks 进行图像处理的内容;第 9 章介绍了使用 Flash 制作动画的内容;第 10 章简要介绍了服务器端程序 ASP 的用法。

本书由安徽文达信息工程学院组织编写,由束学斌和赵翠荣担任主编,崔光竹、刘华敏担任副主编。其中,第 1 章由束学斌编写,第 2、3、6、7 章由赵翠荣编写,第 4、5、10 章由崔光竹编写,第 8、9 章由刘华敏编写。本书的编写得到了安徽文达信息工程学院各级领导的大力支持和帮助,在此表示衷心的感谢。

本书可作为高等职业院校计算机类相关专业的教材,也可作为网页设计人员的参考用书。

由于编者水平有限,书中的错误和不足之处在所难免,恳请读者批评指正。本书配有电子素材库,请与吴飞编辑联系:wufei43@126.com。

编　者

目　录

V

第1章　网页与网站制作基础

【教学目标】

了解关于网页的各种基础知识及制作网页的方法等，从而对网页设计有一个初步的认识和了解。

随着 Internet 的迅速发展，人们以前的很多传统活动都可以通过网络来实现，如网上购物、网上求医等。随之而来的是对网站开发人员的大量需求，对网站的要求也随之不断提高。网页制作是网络时代学习信息技术需要掌握的基本技能之一，各种网页制作工具不断出现。本章将介绍 WWW 的概念、浏览器的使用及网页中的基本元素。

1.1　网　页　简　介

1.1.1　万维网和网页

WWW（World Wide Web）俗称万维网或 3W，它是欧洲粒子物理研究所（CERN）的科学家 Tim Berners-Lee 发明的。他提出了超文本（Hyper Text）的结构体系，目的是让大家在不同的地方用一种简捷的方式共享信息资源。WWW 制定了一套标准，包括易于掌握的超文本标记语言（Hyper Text Markup Language，HTML）、统一资源定位符（Uniform Resource Location，URL）和超文本传输协议（Hyper Text Transfer Protocol，HTTP）。

1. Web

Web 也是 World Wide Web 的简称，它最大的特点是使用了超文本。超文本可以是网页上指定的词或短语，也可以是一个包含通向 Internet 资源的超级链接的其他网页元素。单击网页里的超链接元素时，所链接的目标就会出现在浏览器窗口中。当鼠标移动到页面上包含超链接的地方时，鼠标会变成手状。而超媒体不但包括了文本内容，还包括图像、动画、声音和视频等。

Web 所包含的信息是双向的：一方面用户可以通过浏览网页获得所需的各种信息；另一方面普通用户也可以在 Web 服务器上存放、发布自己的网页，还可以进行自由讨论，实现完全的双向互动。

WWW 采用 C/S（客户/服务器）工作模式。在客户端，用户使用浏览器向 Web 服务器发出浏览请求；Web 服务器接到请求后，调用相应的网页内容，向客户端浏览器返回所请求的信息。因此，一个完整的 Web 系统是由服务器、网页、客户端和浏览器组成的。

在浏览器和服务器之间应用 HTTP 作为网络应用层通信协议。HTTP 是 TCP/IP 协议族的应用层协议之一，用于保证超文本文档在主机间的正确传输、确定应传输的内容以及各元素传输的顺序等。

万维网提供了非常丰富的信息，各种信息按不同的类型以网页文件的形式分别放在万维网服务器上，供计算机工作人员、计算机爱好者和相关的人员选择查阅。万维网已经成为当前 Internet 上最受欢迎、最为流行和最新的信息检索服务系统。

2. URL

为了确定被访问的站点及其网页的位置，浏览器运用了 URL 技术。URL 技术使客户端应用程序在查询不同的信息资源时有了新的统一的地址标志方法，否则只能通过 IP 地址来定位资源。Internet 上所有的资源都有一个唯一的 URL 地址，一般将 URL 地址称为网址。

URL 的完整格式如下：

协议：//主机名（或 IP 地址）：端口号/路径/文件名#anchor

其中：

（1）协议：又称为信息服务类型，是客户端浏览器访问各种服务器资源的方法，它定义了浏览器（客户）与被访问的主机（服务器）之间使用何种方式检索或传输信息。通过观察浏览器的地址栏或状态栏中的 URL 的开始部分，可以知道目前正在使用的访问 Internet 的协议。URL 中冒号后面的"//"是分隔符，"//"和"/"之间的部分是服务器的主机名或 IP 地址。

URL 中的协议类型有很多种，除了常用的 HTTP 之外，还有 FTP（文件传输协议）、FILE（访问本地文件）、TELNET（远程登录协议）等。

（2）主机名（或 IP）地址：因特网上的主机或 Web 站点由主机名识别，主机名有时称为域名。主机名由称为 DNS 服务器或域名服务器的服务器映射到 IP 地址。

（3）端口号：即特定应用程序广泛使用的一个协议端口，用于识别从计算机上主机申请的服务。Internet 应用协议常用的默认端口号是：HTTP 为 80、FTP 为 21、TELNET 为 23。不输入端口号时浏览器将使用所选择的协议默认的端口号，用户在输入 URL 时可不必输入端口号。

（4）路径/文件名：用来指定用户所要获取文件的目录，跟文件系统相似。

（5）#anchor：指向文档内一个锚点。

3. 网页和网站

网页是网站的基本信息单位，网站是网页的集合，通常一个网站是由众多不同内容的网页组成的。网页是 WWW 上的各个超文本文件。

超文本文件就是以超文本标记语言书写的文本文件。HTML 不是编程语言，而一种标记语言。网页就是 HTML 文本，由 HTML 命令组成的描述性文本，HTML 的结构包括头部（HEAD）和主体（BODY）两大部分，头部描述浏览器所需的信息，主体部分包含所要说明的具体内容。这部分内容在后面的章节中将作详细的介绍。

使用浏览器启动 Internet 上的某一个 WWW 资源时，第一个显示的 HTML 文档称为浏览器的主页（Home Page），浏览器的主页可以在浏览器的属性中设定。每个网站都有自己的主页，它是进入该网站的入口，一般在网站的主页中可以加入描述资源特点的图文等多媒体资料，并列出最常用的一些链接。利用超链接可以建立各类信息资源之间的关联，这些资源可以位于不同地点的 WWW 服务器中，从而方便用户的信息检索，真正实现 WWW 的功能。

1.1.2　浏览器

Web 浏览器是浏览 Internet 资源的客户端软件。浏览器可以显示包含各种内容的网页，还可以通过 URL 链接到不同的服务器上获取广泛的网络资源。近年来，随着 Web 技术的发展，浏览器的功能也越来越多，除了常规的浏览网页外，还可以进行网上会议、邮件收发、视频点播等。

目前在 Windows 环境下使用的浏览器主要有 IE、世界之窗、360 等。其中使用最广泛的是 Microsoft 出品的 IE 系列。

IE 7.0 浏览器窗口与其他 Windows 窗口类似，主要有以下几个部分：标题栏、菜单栏、工具栏、地址栏、链接栏、浏览窗口和状态栏，如图 1.1 所示。

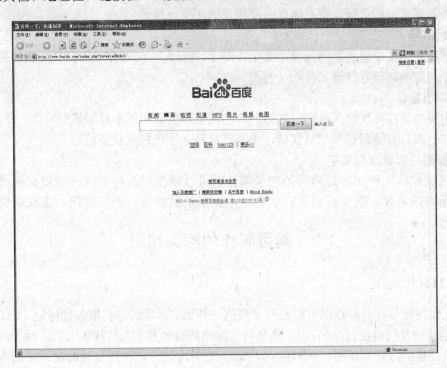

图 1.1　浏览器窗口

1.1.3　网页的基本元素

网页中包含大量的网页元素，常见的网页元素有以下几种。

1. 文字

文字是网页中最基本的元素。文字的大小、颜色、字体可以改变，有些文字还可以做出动态效果。

2. 图像

网页上出现的图像分为说明内容的普通图像和作为宣传、点缀、背景等使用的装饰图像。常用的有 JPG 格式和 GIF 格式。

3. 表格

表格是网页中非常重要的元素，除了有数据的存储功能之外，还主要用于网页的版面设计。

4. Flash 动画

Flash 动画是近年来十分流行的网页元素，可以制作丰富的动画效果，甚至出现了大量的 Flash MTV、Flash 游戏等。

5. 视频、音频

在网页中可以嵌入视频、音频，实现在线看电影、听音乐的功能。网页中还可以加入背景声音。

6. 表单

网页中的表单允许浏览者进行交互操作，如输入文字内容（用户名、密码、留言等）、进行是否或多选一的选择、菜单操作、使用按钮提交内容等。

7. 超链接

超链接是网页中最重要的元素。文字、图像、Flash 动画等都可以定义为超链接，在网页中单击超链接可以打开另外一个网页。

8. 弹出窗口

弹出窗口是在网页调入时同时打开的小的浏览器窗口，用来显示重要公告、广告等。弹出窗口一般只有标题栏和浏览窗口，没有工具栏、地址栏、状态栏等。

9. 标题栏和状态栏文字

标题栏和状态栏文字是网页的组成部分，可以根据网页内容进行设置。标题栏中可以显示网站名称、正文标题等，状态栏则显示信息提示、当前时间、版权说明等。

1.2 网页制作的相关知识

1.2.1 HTML 语言

HTML语言是目前制作网页时必须掌握的一种语言，是通过利用各种标记（TAG）来标记文档结构及超链接信息的，用于描述网页的格式设计和它与WWW上其他网页的链接信息。HTML的标记都是用< >表示，如<img>是图片的标记，括号里面是标记的内容。标记分为开始标记< >和结束标记</ >，开始标记用来描述一个对象的开始，结束标记用以描述一个对象的结束，HTML文档中的标记有些成对出现，即有开始标记和结束标记，也有些标记是单独出现的，即只有开始标记，没有结束标记。例如：表格标记<table></table>为成对出现的标记，<table>为表格描述开始，</table>为表格描述结束。换行标记
为单独出现的标记。

使用 HTML 可以方便地在网页中插入文字、图片、表格等信息，可以定义文字的大小、字体、颜色等属性，可以通过特定的标记插入 Java 语言文件及可以控制页面中各种对象的脚本程序。

HTML网页通常由三部分内容组成：版本信息、网页标题信息（HEAD）和文档主体（BODY）信息。其中，文档主体是HTML网页的主要部分，它包括文档所有的实际内容。网页文档的结构如下：

4

```
<!HTML 网页版本信息说明>
<HTML>
    <HEAD>
        <标题标记、属性及其内容>
    </HEAD>
    <BODY>
        <主体标记、属性及其内容>
    </BODY>
</HTML>
```

其中：

（1）版本信息：位于 HTML 网页文件的第一行，表明文档的制定机构、版本和网页制作者所使用的语言。如果用户在网页文件的开头没有定义版本信息的内容，Web 浏览器将自动选择 HTML 文档的显示内容。

（2）HTML 标记：大部分网页文件都是以<HTML>标记开始的，在文件的结尾处又以</HTML>结束，通过这一对标记，Web 浏览器就可以判断出目前使用的是网页文件，而不是其他类型的文件，所以当使用 HTML 来设计网页时，必须首先在网页内添加"<HTML>…</HTML>"，然后在这一对标记之间添加网页的其他内容。

（3）头部标记：HEAD 标记之间 HTML 文档的头部，用来标明当前文档的有关信息。如文档的标题、搜索引擎可用的关键词以及不属于文档内容的其他数据等。

在 HEAD 标记之间，使用频率最高的标记就是 TITLE，它用于定义显示在浏览器标题栏的文档标题。

例如：把网页的标题设置为"文达学院"，可在头部标记中输入以下代码：

<TITLE>文达学院</TITLE>

浏览器的显示效果如图 1.2 所示。

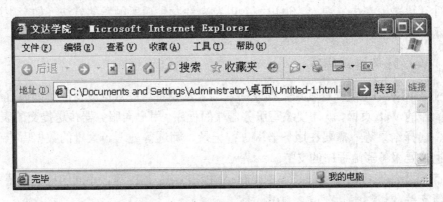

图 1.2   设置网页标题栏文字

（4）主体标记：网页的主体是"<BODY>…</BODY>"标记对作用的范围，可以简单地将网页的主体理解为 HTML 文档中标题以外的所有部分。

<BODY>标记用于定义 HTML 文档主体的开始，它能够设置网页的背景图像、背景颜色、链接颜色和网页边距等属性，其基本用法如下：

```
<BODY Background="URL" Bgcolor=Color Leftmargin=n Topmargin=n Link=Color  Alink=Color
Vlink=Color  Text=Color>
```
其中：

Background：背景图像。

Bgcolor：背景颜色。

如果同时设置了背景颜色和背景图像，图片会覆盖已经设置的颜色。正常情况下，背景图像会自动在页面中排列，一直到布满整个网页为止。

Leftmargin 和 Topmargin：网页的左、右边距。

Link：超链接文字的颜色。默认颜色为蓝色。

Alink：正被单击的超链接文字的颜色。

Vlink：已经单击过的超链接文字的颜色。默认颜色为暗红色。

Text：网页文字的颜色。

例如 ：将网页的上边距和左边距分别设置为 20 和 20 个像素的宽度，背景颜色设为黄色，使用黑色文本，未访问的链接文字采用绿色，已访问的链接颜色标记为红色。标记如下：

```
<BODY Topmargin=20 Leftmargin=20 Bgcolor="yellow" Text="black" Link="green" Vlink="red">
```

1.2.2　静态网页和动态网页

静态网页是指基本上全部使用 HTML 语言制作的网页，页面的内容是固定不变的。

动态网页（Dynamic Hyper Text Markup Language，DHTML）利用 JavaScript、CSS（层叠样式表）及其他类似的语言如 VBScript 等与 HTML 进行有机结合,使静态的 HTML 网页变成动态，如在页面中显示更新的日期和时间、屏幕上飘动的图像等效果。在网页上加一个动画图像或电影也能称为动态网页。

DHTML 编程完全面向对象。网页上出现的一切（如文字、按钮、窗口、图像等）都可以是对象，每个对象都具有自己的属性（大小、颜色、位置、显示与否等）、与之相关的事件（单击、双击、调入、退出等）以及事件发生后所触发的方法（如产生运动、显示提示、改变内容、打开窗口等）。

1.2.3　Web 服务器端程序

专业的网站都是建立在使用数据库的基础上，要将这些数据库变成可以通过浏览器显示和操作的 Web 页面，就需要编写服务器端的程序。用户向服务器传送提交的表单（个人信息、选择结果等）需要在服务器端进行记录、筛选等处理。大量的数据库查询、修改处理也需要服务器端程序的支持。

目前常用的服务器端编程技术主要有 ASP、PHP、JSP 等，不同的技术需要不同的系统环境支持。

1.3　网　站　简　介

在 Dreamweaver 中，站点这个术语可以指 Web 站点，也可以指属于 Web 站点文档所在的本地存储位置。当开始考虑创建 Web 站点时，为了确保站点成功，应该按照一系列的规划步骤进行。即使创建的是个人的主页，只有朋友和家人看到，仔细规划站点也是有益的，因为它可以确保每个人都能够成功地使用站点。有关站点的创建将在第 2 章作详细介绍。

1.3.1　网站的目录结构

网站的目录是指建立网站时创建的目录。例如，在用 Dreamweaver 建立网站时都默认建立了根目录和 Images 子目录。

目录结构是一个容易忽略的问题，大多数网站的制作人员都是在未经规划的情况下，随意创建子目录。目录结构的好坏，对浏览者来说并没有什么太大的影响，但是对于站点本身的维护，以及内容的扩充和移植却有重要的影响。

一般不要将所有文件都存放在根目录下。如果将所有文件都存放在根目录下就很容易造成文件管理混乱，搞不清哪些文件需要编辑和更新，哪些无用的文件可以删除，哪些是相关联的文件，从而影响工作效率。

建议站点采用如下的方式建立目录结构：按栏目内容建立子目录。例如，若站点有一些栏目，内容较多且需要经常更新，那么就应该建立独立的子目录；一些相关性较强、不需要经常更新的栏目，可以合并放在一个统一的目录下。

1.3.2　网站的风格

"风格"是抽象的概念，指站点的整体形象给予浏览者的综合感受。这个"整体形象"包括站点的 CI（标志、色彩、字体、标语）、版面布局、浏览方式、交互性、文字、内容价值等诸多因素。

"标准色彩"是指能体现网站形象和延伸内涵的那种色彩，用于网站的标志、标题、主菜单和主色块，从而给使用者以整体统一的感觉。至于其他色彩，应当只是作为点缀和衬托，绝不能喧宾夺主。一般来说，一个网站的标准色彩不超过三种，太多会让人眼花缭乱。

如果用户是商业性的公司或一些教育机构，一般会有公司的标志或学校标志（logo）。在开发网站时，应该根据公司的标志来确定整体色调。

1.3.3　制作网页的基本步骤

1. 确定网页的内容

在制作自己的网页之前，首先要确定网页的内容。个人网页的设计内容可以从自己的专业或兴趣爱好多做考虑。例如自己在计算机、书法、绘画等方面有独到的见解，可以此专题作为网页的内容。但网页涉及的内容切勿过广，否则虽然内容比较丰富，但往往涉及各个方面的内容会比较肤浅。

2. 设计网页的组织结构

网页的选题确定好以后，接下来就要确立网站的总体结构。总体结构的确立至关重要，它是网站设计能否成功的关键所在。如果对网站的总体结构了如指掌，设计起来就会得心应手，但是如果网站的总体结构比较混乱，在设计的过程中也就会颠三倒四，无法将自己的想法表达出来，这样的网站一般不会很成功。一般网页的组织结构采用的是树形结构。

3．资料的收集和整理

在对自己的网页有一个初步的构思后，还需要有丰富的内容去充实。如果你的网页只有漂亮的外观而实质内容很少，那么就不会有多少人在你的网页中停留。要注意的一点是，网页的内容必须合法。

需要收集的资料有文字、图像、声音、电影等。大多数原始素材收集好后还需要进行加工，以适合网页的需要。同时还要自己制作一些图像、动画等来装饰网页。

4．选择网页的设计方法

能够用来设计网页的方法有很多。因为网页中使用的基本上都是标记语言，不需要进行编译，所以可以直接用各种文本编辑工具（如记事本、Word 文档等）进行制作，但是这样编写网页的效率较低，适合初学网页制作，要进行大型的或复杂的网页制作以及进行网站建设，必须使用网页制作工具。常用的网页制作工具有 Frontpage、Dreamweaver 等。服务器端的 ASP 程序可以使用 Visual Interdev、UltraDEV 等编辑。对于一个初学者来说，建议使用所见即所得的网页制作工具来设计出网站的框架，然后再用 JavaScript 等脚本语言来对网站进行修饰。

1.3.4 制作网页时应注意的问题

（1）网页的标题要简洁、明确。

（2）在文本中要使用水平线，以分割不同部分。

（3）对重点段落要强调显示。

（4）网页中插入的图片要尽量小。

（5）图形要附加文字说明，以便关闭图像时查看。

（6）网页中引用的资料及商标（图标），不能侵犯版权。

1.4 网站开发工具介绍

1.4.1 网页三剑客

网页三剑客，是一套强大的网页编辑工具，最初是由美国 Macromedia 公司开发出来的，由 Dreamweaver、Fireworks、Flash 三个软件组成。

Dreamweaver 是一款集网页制作和管理网站于一身的所见即所得网页编辑器，它对于动态网页的支持特别好，可以轻而易举地做出很多炫目的互动页面特效，是目前应用最广泛的高级网页制作软件。

Fireworks 主要是用于对网页上常用的 JPG、GIF 图片的制作和处理，使用它可以轻松地制作出十分动感的 GIF 动画，还可以轻易地完成大图切割、动态按钮等，也可用于制作网页布局。

Flash 是一种交互式动画设计工具，用它可以将音乐、动画以及富有新意的界面融合在一起，以制作出高品质的网页动态效果，是目前制作网页动画最热门的软件。

1.4.2 ASP

ASP 是 Active Server Page 的缩写，意为"动态服务器页面"，是微软公司开发的一种服务器端脚本编写环境，可以用来创建和运行动态网页或 Web 应用程序。

ASP 的网页文件的格式是*.asp，它包含 HTML 标记、普通文本、脚本命令以及 COM 组件等，方便连接 Access 与 SQL 数据库。利用 ASP 可以向网页中添加交互式内容（如在线表单），也可以创建使用 HTML 网页作为用户界面的 Web 应用程序。与 HTML 相比，利用 ASP 可以实现突破静态网页的一些功能限制，实现动态网页技术。

ASP 提供了一些内置对象，使用这些对象可以使服务器端脚本功能更强。例如可以从 Web 浏览器中获取用户通过 HTML 表单提交的信息，并在脚本中对这些信息进行处理，然后向 Web 浏览器发送信息。

ASP 也不仅仅局限于与 HTML 结合制作 Web 网站，而且还可以与 XHTML 和 WML 语言结合制作 WAP 手机网站。

本 章 小 结

本章首先介绍了网页的基础知识及网页中出现的页面元素，初步认识网页，这将成为以后制作网页的前提和基础。然后介绍了制作网页的步骤和注意事项，这为以后网站制作做了必要的铺垫。

第 2 章　Dreamweaver 8 基础

【教学目标】

熟悉 Dreamweaver 8 的基本操作界面；了解站点的概念；掌握站点的创建和管理方法；通过一个简单的网页制作实例，掌握制作网页的过程。

Dreamweaver 8 是一款目前最流行、使用最广泛的网页设计软件，集网页制作和网站管理于一身，是一款专业的可视化的网页编辑软件，可以制作出交互性好、动感效果佳、功能强的网站。

2.1　Dreamweaver 8 的启动

使用 Dreamweaver 8 之前，首先要启动它，启动方法主要有以下几种。

（1）单击"开始"菜单按钮，选择"所有程序"—"Macromedia"—"Macromedia Dreamweaver 8"命令，如图 2.1 所示。

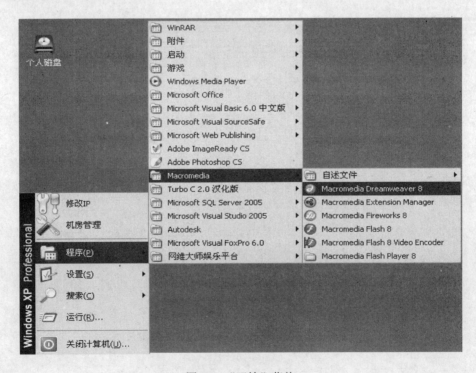

图 2.1　"开始"菜单

（2）双击桌面上 Dreamweaver 8 的快捷方式图标，如图 2.2 所示。

图 2.2　桌面快捷图标

（3）单击快速启动栏中 Dreamweaver 8 的快捷方式图标，如图 2.3 所示。

图 2.3　快速启动栏中快捷图标

启动 Dreamweaver 8 后，需要进行一些简单的设置或选择。

2.1.1　选择工作区布局

第一次启动 Dreamweaver 8 时，会出现一个"工作区设置"对话框，如图 2.4 所示，可以从中选择一种工作区布局，如以后想要重新选择工作区，可以通过菜单"窗口"——"工作区设置"进行选择。

图 2.4　工作区选择

"设计器"工作区是一个使用多文档界面的集成工作区，其中全部"文档"窗口和面板被集成在一个较大的应用程序窗口中，并将面板组放在窗口右侧。一般以所见即所得的方式制作页面。

"编码器"工作区同样是集成的工作区，但它将面板组放在窗口的左侧，"文档"窗口在默认情况下显示"代码"视图。

如果用户是 Dreamweaver 8 的初学者基本上不用代码编写，这里最好选择"设计器"工作区；如果用户的主要工作是编写网页中的代码，那么最好选择"编码器"工作区。

工作区选择是首次启动时才需要进行的操作，以后启动时可直接进入 Dreamweaver 8

的工作界面。

2.1.2　起始页

进入 Dreamweaver 8 后，在主窗口中会显示起始页，通过起始页可以进行网页的新建、打开及查看帮助等操作，如图 2.5 所示。

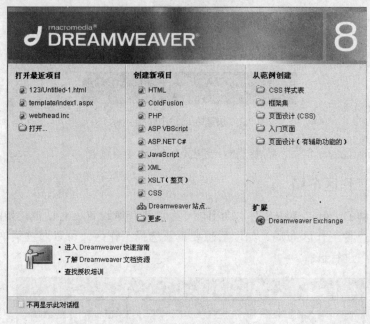

图 2.5　起始页

开始页分 5 个部分，分别是"打开最近项目"、"创建新项目"、"从范例创建"、"扩展"及"帮助"。

打开最近项目：列出了最近编辑过的文件，单击即可打开相应文件。

创建新项目：列出了 Dreamweaver 8 可以创建的当前流行的各种网页程序，如 HTML、ColdFusion、PHP、CSS 等多种文件。

从范例创建：列出了创建文档常用的模板类别，如"CSS 样式表"、"框架集"、"页面设计（CSS）"等。

扩展：用来连接到 Macromedia Dreamweaver Exchange 网站，用户可以从该网站下载 Dreamweaver 方面的插件。

帮助：可以快速访问能够帮助用户学习 Dreamweaver 的资源，包括各种教程和课程等。

选择左下角的复选框可以在以后使用时不显示起始页，也可以通过菜单命令"编辑"—"首选参数"设置起始页重新显示。

2.2　Dreamweaver 8 的工作界面

通过开始页新建或打开一个网页后将打开网页编辑窗口，也就是 Dreamweaver 8 的工作界面，如图 2.6 所示。

12

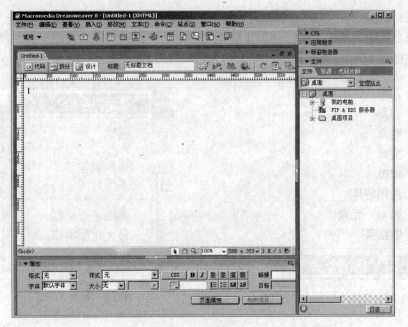

图 2.6　工作界面

1. 菜单栏

Dreamweaver 8 的菜单栏包括文件、编辑、查看、插入、修改等 10 个菜单项，可以完成 Dreamweaver 8 的绝大多数功能。单击每个菜单项均会弹出一个下拉菜单，其中每个菜单项又包含若干条命令。

2. 工具栏

工具栏位于菜单栏下方，由"插入"、"文档"、"标准" 3 个工具栏组成。

1)"插入"工具栏

使用"插入"工具栏上提供的按钮可以方便地在网页中插入各种对象或进行对象属性的设置，例如插入图片、表单、Flash 动画等。

"插入"工具栏有菜单和制表符两种显示方式，如图 2.7 所示。

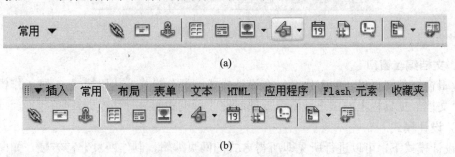

(a)

(b)

图 2.7　"插入"工具栏

(a) 菜单方式；(b) 制表符方式。

在菜单方式时，单击最左边的按钮，打开"选择"菜单，可以选择不同的工具按钮组，也可以选择"显示为制表符"切换到制表符方式，如图 2.8 所示。

在制表符方式时，单击不同的选项卡，可以选择不同的工具按钮组。光标位于选项卡区域的空白处时，单击右键，使用快捷菜单可以切换到菜单方式，也可以关闭"插入"工具栏，如图 2.9 所示。

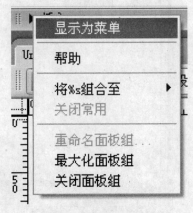

图 2.8　切换为制表符　　　　　　　　　　图 2.9　切换为菜单

2）"文档"工具栏

"文档"工具栏可以切换编辑窗口的显示模式为代码模式、设计模式或拆分模式，还可以设置网页标题、进行网页预览及其他一些常用操作，如图 2.10 所示。

图 2.10　"文档"工具栏

3）"标准"工具栏

"标准"工具栏上可以进行常用的文档操作，如打开、保存、复制、粘贴等，还可以撤消或恢复所有进行的编辑操作，如图 2.11 所示。

图 2.11　"标准"工具栏

3. 文档编辑窗口

编辑窗口是网页设计的工作区，有设计模式、拆分模式、代码模式 3 种工作模式，单击"文档"工具栏上的 3 个按钮可以随时在 3 种模式间进行切换。

1）设计模式

在设计模式下，可以进行所见即所得方式的网页编辑，制作网页非常方便，如图 2.12 所示。

由于网页的特殊性，有很多效果可能在设计模式下不能显示，需要在浏览器中才能看到。

在设计模式下的编辑窗口，可以根据需要使用菜单"查看"—"标尺"或"查看"—"网格"显示标尺和网格。

14

图 2.12　设计模式

2）代码模式

在代码模式下，可以使用代码编辑网页，如图 2.13 所示。有许多在设计模式下不能实现的效果，需要通过代码操作实现。

图 2.13　代码模式

3）拆分模式

拆分模式可以将设计模式和代码模式对照显示，如图 2.14 所示。它将窗口分为上下两个部分，可以根据需要在代码显示区或设计显示区编辑网页，不管在哪个区域进行修改，另外一个区域会同时显示修改的结果。

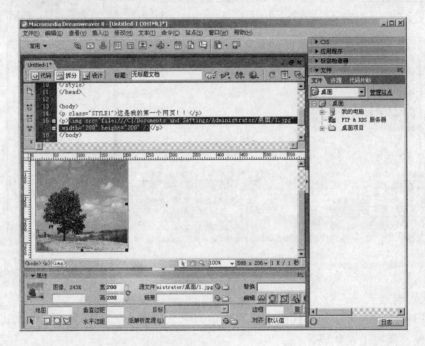

图 2.14　拆分模式

4. 面板

在 Dreamweaver 8 窗口的右侧和下方有许多面板，可以进行属性设置、文件操作，这些面板都可以通过拖动面板左上角的按钮，将其放置在窗口的任意位置。

使用"窗口"菜单可以分别打开和关闭所有的面板。

1）属性面板

属性面板通常位于编辑窗口的下方，用于查看和更改所选对象的各种属性。在编辑窗口中选中不同的对象，属性面板会自动变为相应的样式。图 2.15 所示为选中图片对象时的属性面板。

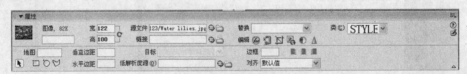

图 2.15　属性面板

2）面板组

在编辑窗口右侧显示各种面板，按照功能分为多个面板组，包括设计组、代码组、文件组、框架组等。每个面板组都有不同的功能，使用面板组可以进行各种复杂的网页设计操作，如图 2.16 所示。

16

图 2.16　面板组

单击每一个面板组的标题或旁边的三角形可以展开或折叠该面板组。有些面板组展开后还包含多个面板，可使用选项卡进行切换。通过"窗口"菜单可分别打开或关闭面板组中的某个面板。

2.3　Dreamweaver 8 的基本菜单

Dreamweaver 8 菜单栏中包含 10 个菜单，可以完成绝大多数的功能。下面对各菜单项进行简单介绍。

1. 文件菜单

包括对文件进行操作的标准菜单项，还包括各种其他命令用于查看当前文档或对当前文档执行的操作，如"新建"、"打开"、"保存"等。

2. 编辑菜单

包括对文本进行操作的标准菜单项，还包括选择和搜索命令，如"剪切"、"拷贝"等。

3. 查看菜单

可以看到文档的各种视图（如"设计"视图和"代码"视图），并且可以显示和隐藏不同类型的页面元素以及不同的 Dreamweaver 工具。

4. 插入菜单

提供插入栏的替代项，以便用于将对象插入文档。

5. 修改菜单

可以更改选定页面元素或项的属性，可以编辑标签属性，更改表格和表格元素，并且为库和模板执行不同的操作。

6. 文本菜单

可以轻松地设置文本的格式。

7. 命令菜单

提供对各种命令的访问，包括根据格式参数选择设置代码格式的命令、创建相册的命令，以使用 Macromedia Fireworks 优化图像的命令。

8. 站点菜单

提供一些菜单项，这些菜单项可用于创建、打开和编辑站点，以及用于管理当前站点中的文件。

9. 窗口菜单

提供对 Dreamweaver 8 中的所有面板、检查器和窗口的访问。

10. 帮助菜单

提供对 Dreamweaver 8 文档的访问，包括使用 Dreamweaver 8 以及各种语言的参考材料。

2.4 站 点 创 建

一个网站是由许多相互关联的网页组成的，Dreamweaver 8 中的站点管理功能可以更好地管理和组织这些网页。

制作一个网站一般需要首先将制作好的这个网站的所有网页暂时保存在自己的计算机中，需要在网上发布时，再上传到拥有上传权限的服务器上。同一个网站的所有网页文件，以及相关的图片、动画等文件要保存在本地计算机的同一个文件夹中，否则上传到服务器上后可能会出现文件不完整，站点无法正常显示。

Dreamweaver 8 可以将本地计算机的一个文件夹作为一个站点。

2.4.1 创建本地站点

本地站点，就是存放在本地计算机磁盘上的站点，其中包含所有的页面文件和资源文件等。在建立本地站点时，必须指定建立本地站点的文件夹，即用来存放站点文件的目录。

在 Dreamweaver 8 中使用创建站点的向导可以方便地创建站点，具体操作如下：

（1）选择"站点"—"管理站点"菜单命令，打开"管理站点"对话框，并在右边的按钮区域单击"新建"按钮，在弹出的菜单中选择"站点"，如图 2.17 所示。

（2）在"站点定义"对话框的"编辑文件"状态输入站点的名字，如图 2.18 所示。这里站点的名字只用于在 Dreamweaver 8 中区分同时存在的多个站点，与将来要上传到服务器上的站点名字无关，也和本地文件夹的名字无关。

（3）单击"下一步"按钮，在"站点定义"的"编辑文件，第 2 部分"下方选择是否使用服务器技术。本书介绍的内容不涉及服务器技术，选择"否，我不想使用服务器技术"，如图 2.19 所示。

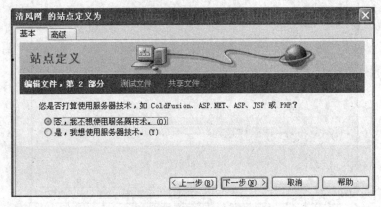

图 2.17 "管理站点"对话框

图 2.18 站点定义过程 1

图 2.19 站点定义过程 2

（4）单击"下一步"按钮，在"站点定义"的"编辑文件，第3部分"下方指定站点文件夹的位置，系统会自动根据以前站点的定义情况给出一个站点文件夹，也可以另外指定，如图2.20所示。一般应该将站点文件夹设置为自己专门建立的文件夹。

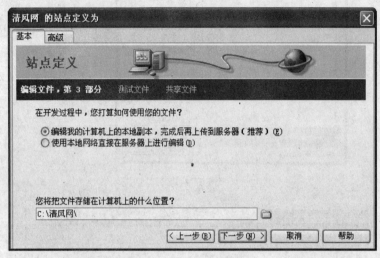

图 2.20　站点定义过程 3

（5）单击"下一步"按钮，在"站点定义"的"共享文件"状态设置如何连接远程服务器，这里选择"无"，如图 2.21 所示。

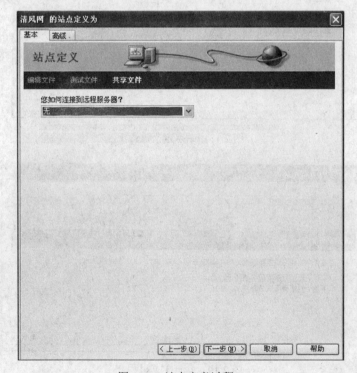

图 2.21　站点定义过程 4

（6）在"站点定义"的"总结"状态显示新建站点的信息，如图 2.22 所示。

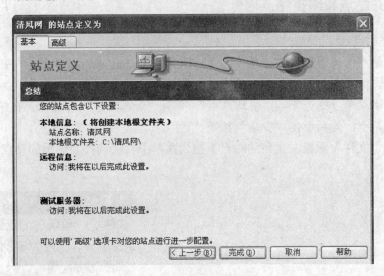

图 2.22　站点定义过程 5

（7）单击"完成"按钮，完成新建站点，回到"管理站点"对话框，此时新建的站点名字已经增加到左边的站点列表中，如图 2.23 所示。

图 2.23　"管理站点"对话框中显示建好的站点

（8）选中站点，单击"完成"按钮，进入网页制作状态，在面板组的"文件"面板中显示所建的站点文件信息，因为是新建站点，所以站点内容是空的，如图 2.24 所示。

图 2.24　"文件"面板中显示定义好的站点

2.4.2　打开站点和编辑站点信息

1. 打开站点

新建的站点信息会保存在磁盘中，下一次打开 Dreamweaver 8 时自动加载最后一次编辑的站点。如果要打开另外一个站点进行编辑，可以有两种方法。

（1）使用菜单"站点"—"管理站点"，打开"管理站点"对话框，在站点列表中选择要编辑的站点，然后单击"完成"按钮。

（2）在"文件"面板左上角的站点下拉式菜单中直接选择要编辑的站点，如图 2.25 所示。

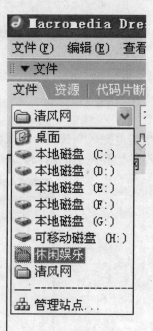

图 2.25　编辑站点

2. 编辑站点信息

已经创建好的站点文件夹、远程服务器等信息可以进行修改。可以用以下方法编辑站点信息。

（1）使用菜单"站点"—"管理站点"，打开"管理站点"对话框，在站点列表中选择要编辑的站点，然后单击"编辑"按钮，打开站点定义向导或在站点列表外双击要编辑的站点，逐步进行站点信息修改。

（2）在"文件"面板左上角的站点下拉式菜单中选择要编辑的站点为当前站点，再双击下拉式菜单（不打开）的站点名字打开站点定义向导。

3. 使用"高级"方式定义站点

在"定义站点"向导进行的任意一个步骤，都可以选择对话框上部的"高级"标签，打开高级站点定义对话框，进行各种站点属性的定义，如图 2.26 所示。

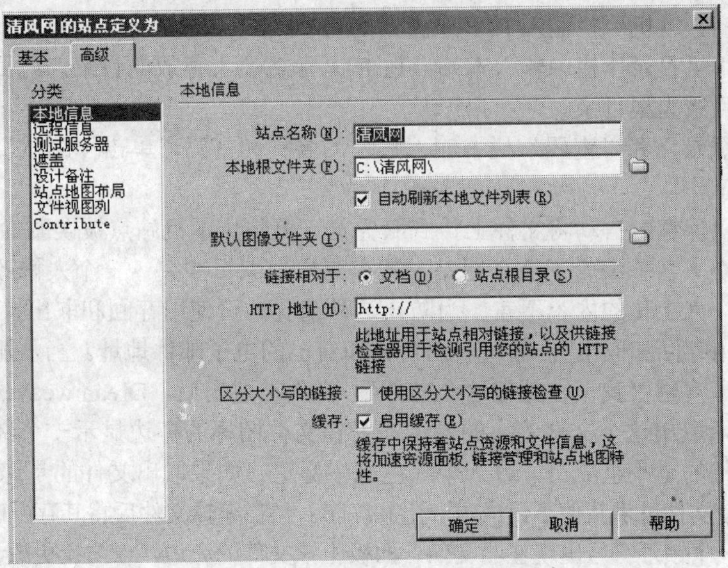

清风网的站点定义为

基本　高级

分类　　　　　　本地信息

本地信息
远程信息　　　站点名称(N)：清风网
测试服务器
遮盖　　　　　本地根文件夹(F)：C:\清风网\
设计备注
站点地图布局　　　　　　☑ 自动刷新本地文件列表(R)
文件视图列
Contribute　　默认图像文件夹(I)：

　　　　　　　　链接相对于：　⊙ 文档(D)　　○ 站点根目录(S)
　　　　　　　　HTTP 地址：http://
　　　　　　　　此地址用于站点相对链接，以及供链接
　　　　　　　　检查器用于检测引用您的站点的 HTTP
　　　　　　　　链接

　　　　　　　　区分大小写的链接：☐ 使用区分大小写的链接检查(U)
　　　　　　　　缓存：☑ 启用缓存(E)
　　　　　　　　缓存中保持着站点资源和文件信息，这
　　　　　　　　将加速资源面板，链接管理和站点地图特
　　　　　　　　性。

确定　　取消　　帮助

图 2.26　高级站点定义对话框

2.4.3　管理站点

1．站点上传

对于初学者来说，一般要先在本地进行站点编辑，编辑完成后，再上传到服务器上。文件上传一般有 3 种方式：通过网络管理员直接复制到服务器上；通过服务器提供的文件管理器进行文件传输；通过 FTP 进行文件传输。使用 FTP 上传是使用较多的一种上传方式。

Dreamweaver 8 支持使用 FTP 上传功能。使用"站点"—"管理站点"，打开"管理站点"对话框。在其中选择要上传的站点，如"mysite"，单击"编辑站点"按钮，打开"站点定义"对话框，在"高级"选项卡左边的列表中选择"远程信息"，可设置远程站点。在"访问"下拉式菜单中选择"FTP"，可设置 FTP 上传的方式，如图 2.27 所示。

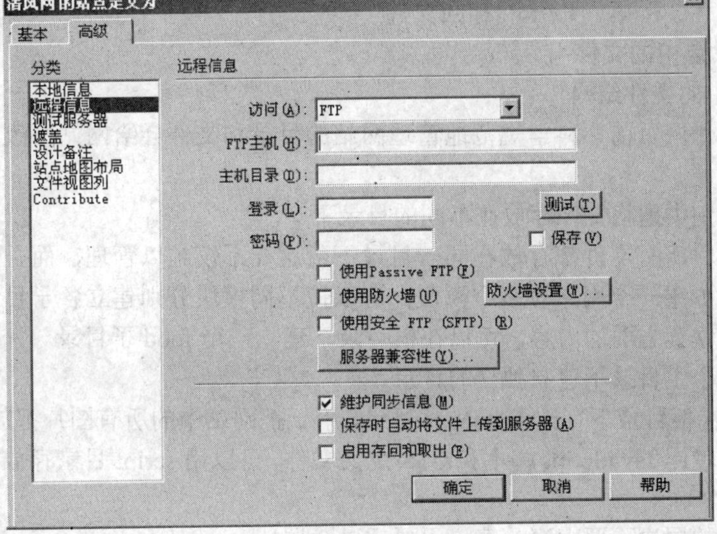

清风网的站点定义为

基本　高级

分类　　　　　　远程信息

本地信息
远程信息　　　　访问(A)：FTP
测试服务器
遮盖　　　　　FTP主机(H)：
设计备注
站点地图布局　　主机目录(D)：
文件视图列
Contribute　　　登录(L)：　　　　　　　　测试(T)
　　　　　　　　密码(P)：　　　　　　　☐ 保存(V)

　　　　　　　　☐ 使用Passive FTP(F)
　　　　　　　　☐ 使用防火墙(U)　　防火墙设置(W)...
　　　　　　　　☐ 使用安全 FTP (SFTP) (R)

　　　　　　　　服务器兼容性(T)...

　　　　　　　　☑ 维护同步信息(M)
　　　　　　　　☐ 保存时自动将文件上传到服务器(A)
　　　　　　　　☐ 启用存回和取出(E)

确定　　取消　　帮助

图 2.27　远程站点设置

（1）在"FTP 主机"栏输入 FTP 服务器的 IP 地址或域名。

（2）在"主机目录"栏中输入本站点在 FTP 服务器上存放的目录，此目录以本人账户所能管理的目录为根目录。

（3）在"登录"和"密码"栏中输入账户的名称和密码，单击"测试"按钮可测试账号能否正常工作。

（4）选中"保存时自动将文件上传到服务器"可防止本机站点被误删除。

如果有多个人协作编辑同一个网站，就容易出现编辑冲突，一个人修改的内容上传后，被另外一个人上传的内容覆盖。为防止这种情况，可使用存回和取出操作。

选中"启用存回和取出"，输入取出名称和自己的电子邮件地址。当从服务器上取出一个文件等同于声明"我正在处理这个文件"。文件被取出后，Dreamweaver 8 会在"文件"面板中显示取出这个文件的人的姓名，并在文件图标的旁边显示一个红色选中标记（如果取出文件的是小组成员）或一个绿色选中标记（如果取出文件的是您）。

存回文件使文件可供其他小组成员取出和编辑。当在编辑文件后将其存回时，本地版本将变为只读，一个锁形符号出现在"文件"面板上该文件的旁边，以防止更改该文件。

Dreamweaver 8 不会使远程服务器上的取出文件成为只读。如果使用 Dreamweaver 8 之外的应用程序传输文件，则可能会覆盖取出文件。但使用 Dreamweaver 8 之外的应用程序时，*.lck 文件会显示在该文件所在的目录结构中取出文件的旁边，以防止再现这种意外。

站点的 FTP 服务器设置完成后，使用菜单"窗口"—"文件"，打开"文件"面板，在"文件"面板的下面列出站点的文件，上面有一排按钮，如图 2.27 所示。单击按钮 ⚅ 可建立和远程服务器的连接，这时使用上面的下拉式菜单可选择"本地视图"或"远程视图"，分别查看本机上的站点文件和上传到服务器上的站点文件。如果增加或删除了文件，单击按钮 C 可刷新视图中的文件。

在"本地视图"状态时，选择一个文件或文件夹，单击按钮 ⬇ 可将其上传到服务器上。如果选择站点文件列表最上面的站点路径，可上传整个站点。

在"远程视图"状态时，选择一个文件或文件夹，单击按钮 ⬆ 可将其下载到本地站点文件夹中，可以进行编辑。

使用按钮 ⬇ 和 🔒 可取出和存回文件。

2. 管理站点中的文件

1）站点中的文件结构

在开始制作网页前，科学规范地管理网站的目录和文件会给网站修改、升级、发布带来极大的方便。

（1）分门别类地将文件存放在不同的目录下。

（2）不要将所有文件都存放在同一目录下，这样不仅难以管理，而且也容易造成文件名的冲突。如果一个网站有多个模块，可以按不同模块分别建立各子目录，例如有一个模块是关于饮食方面的内容，可以在根目录下建立一个 food 子目录。

（3）在每个主目录下建立独立的目录。

（4）通常在根目录下有一个 images 目录，用于把网站中的所有图片都放在该目录下。网页中要大量使用 JavaScript 脚本和 CSS 定义文件，可以用 script 目录存放网页调用的外部脚本文件。

（5）目录的层次不要太深，建议不要超过 3 层。

（6）不要使用中文文件名和中文目录名，使用中文的名字可能对网址的正确显示造成困难。有一些浏览器不支持中文文件名和目录名的调用。

不要使用过长的目录名，太长的目录名不便于记忆和管理。

2）文件管理窗口

在"文件"面板中可以直接管理文件，为了更清楚地管理文件和文件夹，可单击"文件"面板的按钮 ，窗口转换为文件管理的模式，单击其中的站点文件按钮 ，在左右两栏分别显示远程文件和本地文件，如图2.28所示。

图2.28　文件管理窗口

在文件管理窗口中可以通过在两个窗口中拖放文件或文件夹完成文件的上传和下载。单击按钮 可返回"文件"面板模式。

3）地图视图

在文件管理窗口单击地图视图按钮 ，在其中选择"地图和文件"，可使用地图视图查看和管理站点的文件链接结构，如图2.29所示。

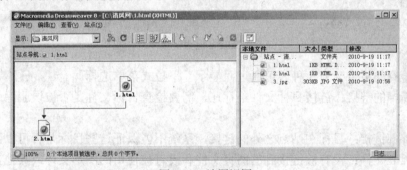

图2.29　地图视图

在地图视图中可清楚地显示站点中文件的超链接的结构。如果一个链接发生了断链，即链接的目标文件丢失，则目标文件名显示为红色，并且旁边有一个断链标志，如图2.30所示。

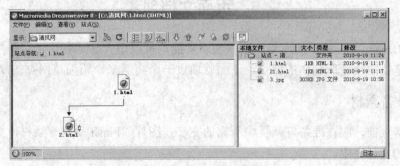

图2.30　地址断链图

在带箭头的线上拖动可调整地图的形状，单击带加号的文件图标，可打开相应的详细的链接结构，如图 2.31 所示。

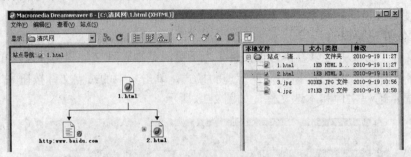

图 2.31　打开相应链接

4）检查链接

使用菜单"站点"—"检查站点范围的链接"，可检查站点的全部链接，在"属性"面板的下面显示"结果"面板，报告检查结果，如图 2.32 所示。

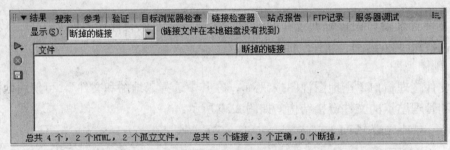

图 2.32　检查链接

链接检查的报告分为 3 种，可通过"显示"下拉式菜单选择。

（1）断掉的链接：链接目标文件不存在，需要检查目标文件是否被误删除或目标设置错误。

（2）外部链接：目标在站点之外的链接，系统不能保证这些目标是否可以到达。

（3）孤立文件：没有被链接到的网页文件和没有被使用的图形文件或其他文件。这些文件可能是多余的或没有制作完成。

"结果"面板可以显示文件搜索、浏览器检查等信息。

2.5　页面文档创建

使用 Dreamweaver 8 的所见即所得编辑功能，可以很容易地制作一个简单网页，并可以在浏览器中预览所制作的网页。下面就通过一个实例来介绍简单网页的制作过程。

2.5.1　准备素材

制作网页前，应该准备好网页中所需的文字、图片、Flash 动画等素材，并且保存到一个统一的文件夹中。

例如：在计算机的 E 盘根目录下新建一个文件夹，命名为"个人网站"。

制作网页相关的图片文件、动画文件保存在这个文件夹中。

2.5.2 制作网页

（1）按照前面介绍的方法新建一个站点"清风网"，并将站点文件夹设为"c:\清风网"。

（2）新建网页。使用菜单"文件"—"新建"或单击工具栏上的"新建"按钮，打开"新建文档"对话框，如图 2.33 所示。先在"类别"栏中选择"基本页"，然后在中间"基本页"栏选择"HTML"，单击"创建"按钮，打开网页编辑窗口，此时编辑窗口上面的文件名标签默认为"Untitled-1"。

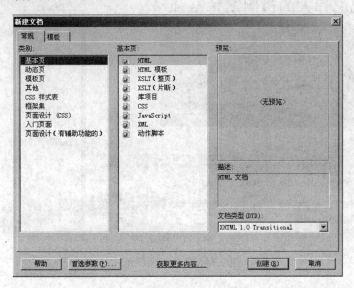

图 2.33 "新建文档"对话框

（3）输入和编辑文字。在编辑窗口中输入网页中的文字。根据页面需要，在窗口下面的"属性"面板上对文字的属性进行修改，如图 2.34 所示。

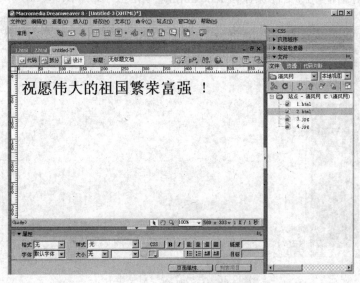

图 2.34 插入页面文字

27

（4）插入图片。将光标移动到要插入图片的位置，选择菜单"插入"—"图像"命令，打开"选择图像源文件"对话框，选择准备好的图像文件，如图 2.35 所示。选中图片，在"属性"面板上可以修改图像的属性，如宽、高等。

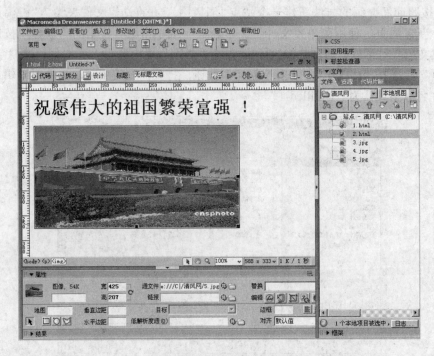

图 2.35　插入页面图片

2.5.3　保存网页文件

页面编辑好后，使用菜单"文件"—"保存"或单击工具栏上的"保存"按钮，打开"另存为"对话框，将文件保存为 index.html，如图 2.36 所示。

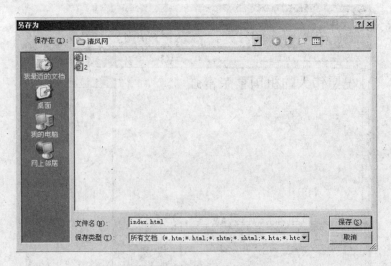

图 2.36　"另存为"对话框

2.5.4 预览网页

制作好的网页需要在浏览器中查看最后的显示效果。

预览网页一般有 3 种方法。

（1）按快捷键 F12。

（2）单击标准工具栏上的预览按钮 。

（3）使用菜单"文件"—"在浏览器预览"—"IExplore 8.0"。

在预览网页时，如果网页修改后还没有保存，会出现提示保存对话框，要求用户保存网页，如图 2.37 所示。

图 2.37 预览前保存提示

本 章 小 结

本章首先介绍了 Dreamwaver 8 的窗口组成、菜单组成、工具栏的组成、面板的基本操作等。然后详细叙述了使用 Dreamwaver 8 进行站点的定义，Dreamwaver 8 可以很方便地对站点进行各种管理操作。最后通过一个简单的网页的创建来描述制作网页的过程。

实训 站点和页面的创建

一、实训目的

（1）了解站点在页面制作中的作用。

（2）掌握站点的创建方式。

（3）掌握页面的制作过程。

二、实训要求

（1）学会创建本地站点。

（2）学会新建一个页面。

（3）学会预览网页。

三、实训内容

（1）准备工作。

在计算机上建立一个自己的文件夹，作为站点文件夹，命名为：mysite。

（2）创建本地站点。

① 打开 Dreamwaver 8 工作环境，单击"站点"—"新建站点"命令，弹出"站点定义"对话框，选择"基本"选项卡，输入站点名称，最好不用中文，如图 2.38 所示，单击"下一步"。

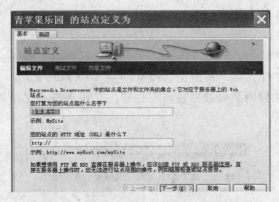

图 2.38　定义站点图 1

② 在弹出的对话框中选择"否，我不想使用服务器技术"，如图 2.39 所示，单击"下一步"。

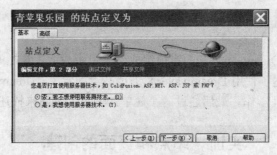

图 2.39　定义站点图 2

③ 在弹出的对话框中选择"编辑我的计算机上的本地副本，完成后再上传到服务器（推荐）"，在"您将把文件存储在计算机上的什么位置？"文本框中选择刚才在硬盘上创建的文件夹作为文件的存储位置，如图 2.40 所示，单击"下一步"。

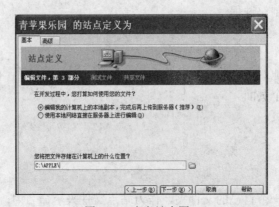

图 2.40　定义站点图 3

④ 在弹出的对话框的"您如何连接到远程服务器？"下拉列表框中选择"无"选项，如图 2.41 所示，单击"下一步"。

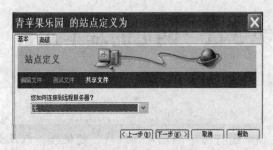

图 2.41 定义站点图 4

⑤ 在弹出的对话框中单击"完成"，如图 2.42 所示，完成本地站点的建立。

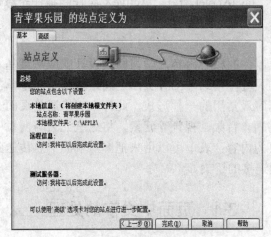

图 2.42 定义站点图 5

（3）创建网页。

① 单击"文件"菜单，选择"新建"命令，选择"基本页"，打开 Dreamwaver 窗口。

② 在页面中插入文字和图片(见本书另附电子素材库，后同)。

③ 保存并预览。

页面如图 2.43 所示。

图 2.43 页面浏览图

第3章 网页的基本元素

【教学目标】

掌握如何在页面文档中进行文字的插入、编辑、超链接，以及如何创建列表等；了解网页中图像的格式，掌握网页中图像的插入、编辑等操作；了解表格的作用和组成结构，掌握如何创建表格和设置属性；了解媒体对象的种类和特点；掌握在页面中添加 Flash 对象、Shockwave 影片、JavaApplet 程序、ActiveX 控件和插件等媒体对象的方法；掌握表单的创建和设置方法。

文字和图像是网页制作的核心内容，学习网页设计就应从最基本的文字和图像处理开始。超链接是网页的灵魂，网站中的各页面之间连接都是通过单击网页上的超链接实现的；表格是处理数据时最常用的一种形式，此外，表格还是页面布局时采用的强有力的工具。多媒体包括动画、音频、视频等元素，将这些元素与网页中的其他元素有机地结合在一起，丰富网页的内容；表单可以用来把客户端的信息传送到服务器处理，是静态网页与动态网页之间连接的桥梁。

3.1 页面中文字的处理

文字是网页中最基本的元素，包括一般文字、类似版权标记一类的特殊字符、滚动文字等，文字的颜色、大小等可以随意设置，可根据需要将文字设为超链接文字。

3.1.1 页面字符的添加

文字是网页制作中最基本元素，当要介绍某一事物时，必须借助于文字的强大功能。Dreamweaver 8 允许直接将文字键入页面，或从其他文档中复制和粘贴所需文字。

1. 文字、特殊字符的输入方法。

基本操作步骤如下：

（1）在文档窗口中，将插入点放在要插入特殊字符的位置。

（2）通过"插入"—"HTML"—"特殊字符"菜单命令，选择字符名称。

注意：如果要插入像"○"、"★"、"♂"、"※"这样的符号，需要借助输入法，基本操作步骤如下：

（1）首先切换到某种中文输入方式，出现输入法后右击其键盘图标，从弹出的键盘输入菜单中选择"特殊符号"命令，如图 3.1 所示。

（2）打开"特殊符号"键盘，单击键盘上的对应符号，即可在文档中插入该符号，如图 3.2 所示。

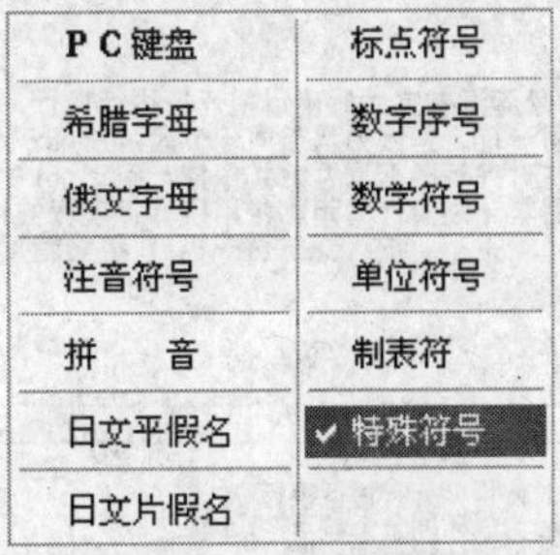

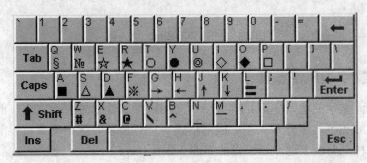

PC键盘	标点符号
希腊字母	数字序号
俄文字母	数学符号
注音符号	单位符号
拼　音	制表符
日文平假名	✓ 特殊符号
日文片假名	

图 3.1　选择键盘输入法

图 3.2　"特殊符号"键盘

2. 页面中空格的输入方法

在其他的文本编辑器中，可以直接单击空格键插入，但在 Dreamweaver 8 中，要用 Ctrl+Shift+空格键插入。将视图切换到"拆分"模式，可以看到空格、注册商标等特殊符号用 HTML 代码表示时不是直接表示，而是用它们的转义符表示，一般转义符都是以"&"开始，以"；"结束，一个转义符之间不能有空格。空格的转义符是" "。

3. 换行符的插入方法

网页中允许在一个段落没有完成时使用换行符进行换行，此时的文字尽管不在同一行，但因为属于同一个段落，所以各行的左对齐、右对齐等段落属性始终保持一致，在代码窗口中能看到段落标记<P>。在网页显示时，使用回车分段的行间距比使用换行符换行的行间距大，而使用换行符分段的行间距小。按 Shift+Enter 组合键可直接输入换行符，在代码窗口中能看到段落标记
，如图 3.3 和图 3.4 所示。

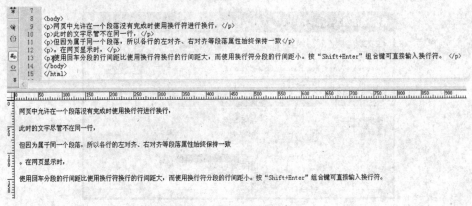

图 3.3　使用回车键换行

33

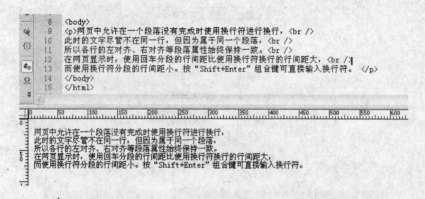

图 3.4 使用 Shift+Enter 键换行

3.1.2 页面文字的属性设置

在完成页面文字的输入之后，就可以对文字进行属性设置。设置文字的属性就是对文本的外观，如颜色、字体、大小、段落格式等进行设置。选中需要设置的文字，在窗口下方的"属性"面板上进一步编辑，如图 3.5 所示。

图 3.5 "属性"面板

1. 设置文字字体

在中文环境下，Dreamweaver 8 默认的字体是宋体。选中文本后，打开"属性"面板的"字体"下拉菜单，选择其中的一种字体，如果字体列表中没有所需要的中文字体，必须进行添加。

添加中文字体的基本步骤如下：

（1）在"字体"下拉式菜单中选择"编辑字体列表"选项，打开"编辑字体列表"对话框，如图 3.6 所示。

图 3.6 "编辑字体列表"对话框

（2）"字体列表"栏中列举了 Dreamweaver 8 已经添加的字体；单击"加号"图标可增加一项字体。

（3）"可用字体"栏中列举了本地计算机上可用的字体库，选择需要增加的字体，然后单击"向左的箭头"按钮，这时所选的字体就会出现在"选择的字体"栏中。

按此方法，可增加多种字体。完成上述操作后，在文本"属性"面板的字体列表中，可以看到并使用刚加入的字体。

选中文字后，单击按钮 **B** 可将文字设为粗体，单击按钮 *I* 可将文字设为斜体。

2. 设置文字大小

属性面板上的"大小"列表是用来设置文字大小的。Dreamweaver 8 的默认大小为"无"，即取浏览器默认值。

打开"大小"下拉菜单，选择一种适当的尺寸，字体的大小分为 7 级，数字越大，字体也越大。一般情况下，浏览器默认的字体大小为 3 号（即标准尺寸），如图 3.7 所示。也可以在"大小"栏中直接输入数字。

"大小"栏右边的下拉菜单用来选择大小的单位，可以是像素（px）、点数（pt）等。选择"%"是将大小设置为相对于前一个字符大小的百分数。

3. 设置文字颜色

选中需要改变颜色的文字，在"属性"面板上单击文本"属性"面板中的取色器，在弹出的"颜色"面板上通过选择适当的颜色来改变文字的颜色，如图 3.8 所示。

在取色器的文本框中可以直接输入颜色的十六进制代码改变颜色，也可以输入浏览器支持的颜色单词，如 Red（红色）、Green（绿色）、Blue（蓝色）等。

系统默认的文字颜色是黑色，单击"颜色"面板上的按钮 ☑ 可以取消设定的颜色，复原为默认颜色。

4. 设置标题文字

网页文本最基本的组成部分是标题和段落，标题用来介绍页面文本的主要内容。在 Dreamweaver 8 中提供了 6 级不同大小的标题，其中 1 级标题的字号最大，6 级标题的字号最小。

将光标放在一个段落文字中的任意位置，在"属性"面板的"格式"下拉菜单中选择一个标题格式，即可将这段文本设置成所需的标题，如图 3.9 所示。

图 3.7　字体大小

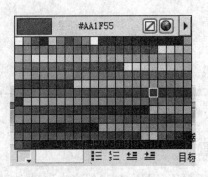

图 3.8　字体颜色

图 3.9　段落标题

正文中标题文字的字体、大小和颜色也可在属性面板的"页面属性"中重新设置。

5. 设置文字的样式

样式是指对文字进行大小、颜色等设置后的综合属性。当对文字设置大小、颜色等属性后，属性面板的"样式"下拉菜单中会自动出现当前网页的样式，如图3.10所示。以后如果再需要将文字设置成与某种样式相同的效果时，不需要一一设置颜色、大小等，直接在样式列表中选择就可以了。

图3.10　文本样式

在样式列表中选择一种样式，单击下面的"重命名"按钮，可更改样式名称，单击"管理样式"铵钮可以对样式的属性进行修改。

6. 设置段落对齐方式

将光标放在一个段落文字中的任意位置，单击"属性"面板上的对齐按钮　，可以实现左对齐、居中对齐、右对齐和两端对齐。

打开属性面板上的"页面属性"对话框，可以设置默认的页面外观，如设置页面默认文字的字体、风格、大小、颜色等属性，还可以设置页面的背景颜色、背景图像以及网页内容距离浏览器窗口边框的距离等，如图3.11所示。

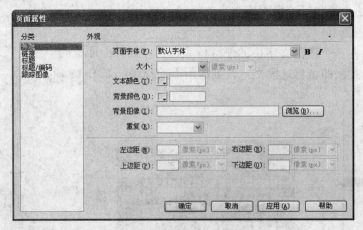

图3.11　"页面属性"对话框

3.1.3　页面文字列表的设置

在网页处理文本时，对于需要逐条显示列出的文本项目，一般将其设置为列表的形式，这样可以清楚地表示出各个条目的并列关系。

在 Dreamweaver 8 中提供了两种类型的列表：项目列表和编号列表。

1. 项目列表

项目列表一般以项目符号开头，大多数情况下列表项之间没有先后顺序，这在特点、功能描述上用得较多。在 HTML 中有三种类型的项目符号：实心点（黑点）、空心点（圆圈）和矩形实点（方形）。

将光标定位于需要创建项目符号的文本内，然后在“属性”面板上，单击项目列表按钮，如图 3.12 所示。

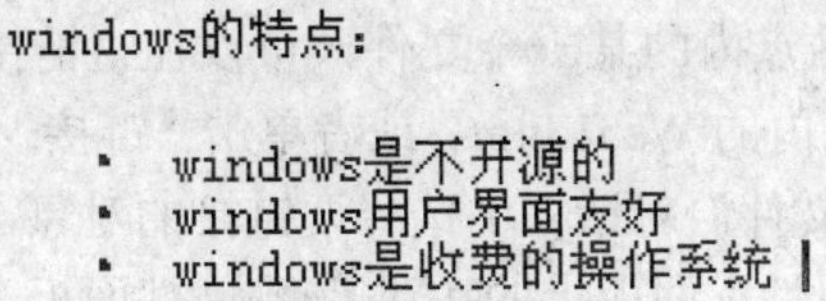

windows的特点：
windows是不开源的
windows用户界面友好
windows是收费的操作系统

图 3.12　项目列表

在默认状况下，项目符号采用黑色圆点形式，可以随意更改为自己需要的样式。更改项目符号的具体步骤如下：

（1）将光标置于已设置项目符号的文本内。

（2）选择“文本”—“列表”—“属性”菜单命令，弹出“列表属性”对话框，如图 3.13 所示，在“样式”中选择项目符号，然后单击“确定”按钮。

列表属性
列表类型(T): 项目列表
样式(S): 正方形
开始计数(C): (数字)
列表项目
新建样式(N): [默认]
重设计数(R): (数字)
确定
取消
帮助(H)

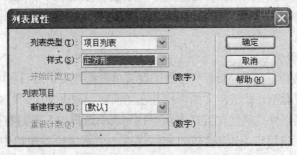

图 3.13　“列表属性”对话框

2. 编号列表

在编号列表中，以序号的形式排列项目，大多数情况下列表项是有次序和级别的，这在操作步骤列举、具有先后或级别关系的结构上常用。

将光标置于希望建立列表处，在属性面板上单击“编号列表”按钮。默认情况下，编号采用小写的阿拉伯数字，如图 3.14 所示。

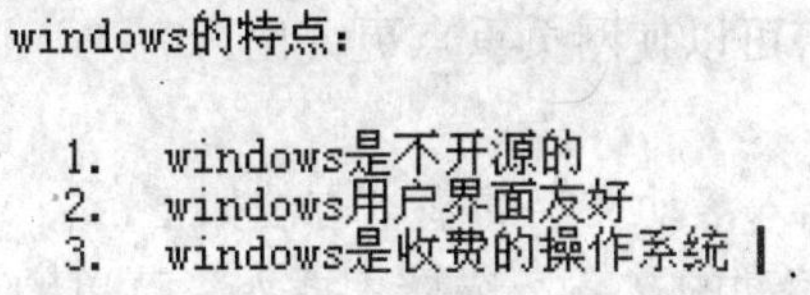

windows的特点：
1. windows是不开源的
2. windows用户界面友好
3. windows是收费的操作系统

图 3.14　编号列表

Dreamweaver 8 提供了多种编号形式供用户选择，改变编号样式的步骤同上。

要取消文本的列表设置，首先选中需要取消设置的文本，然后选择"文本"—"列表"—"无"菜单命令。

3.1.4 设置文本超链接

Dreamweaver 8 提供多种创建超链接的方法，实现到文档、图像、多媒体文件的链接，也可以建立到文档内任意位置的超链接。

1. 建立文字超链接

选中要建立链接的文字，在对应的文字"属性"面板上设置超链接。

（1）若链接的对象是站点内的某一个文件，可以在"链接"文本框内直接输入目标文件的地址，如：链接站点内的 Web1.htm。或者单击"链接"文本框右侧的"浏览文件"按钮 □，在弹出的"选择文件"对话框中选择要链接的对象，目标文件名称会自动出现在链接框中。或者拖动"属性"面板上的按钮 ⊕ 到文件面板上显示的目标文件，也可添加超链接，这种方法是最简单和最常用的方法。

（2）若链接的对象在站点外部，必须输入目标的完整 URL 地址，如：链接到百度网站，输入 http://www.baidu.com。

（3）若链接的对象是电子邮件地址，输入 mailto:邮件地址，如：mailto:xxx@163.com。在浏览器中浏览网页时，单击链接目标是电子邮件地址的超链接文本，程序自动打开邮件收发程序，如 Outlook Express，同时将目标邮件地址自动设为收件人。

文字设为超链接文字后，在默认情况下文字会变成蓝色，并带下划线。在浏览该网页时，当鼠标移动到该文字上，浏览器窗口的任务栏上会显示链接的目标，单击该文字，则显示目标网页。

2. 设置链接打开方式

属性面板中链接栏下面的"目标"栏用于设置单击链接文字后目标网页在浏览窗口中显示的位置。在默认情况下，被链接文档将打开在当前窗口或框架中。若要使被链接的文档显示在当前窗口或框架以外的其他位置，可从下拉列表中选择如下所列的某一个选项。

（1）_blank（空白窗口）：将链接的文件载入一个新浏览器窗口中。

（2）_parent（父窗口）：将链接的文件载入含有该链接父框架集或父窗口中。

（3）_self（本窗口）：将链接的文件载入该链接所在的同一框架或窗口中。

（4）_top（顶部）：在整个浏览器窗口中载入所链接的文件，删除所有框架。

打开"属性"面板上的"页面属性"对话框，可以设置默认的超链接文字的字体、大小、颜色和下划线样式等内容。

3.1.5 插入滚动文字

在网页插入滚动的文字可以使网页重点更突出。

1. 插入滚动文字

在 Dreamweaver 8 中插入滚动文字的基本方法如下：

在设计窗口中选择要滚动的文字，选择"插入"菜单的"标签"命令，打开"标签选择器"对话框，如图 3.15 所示。

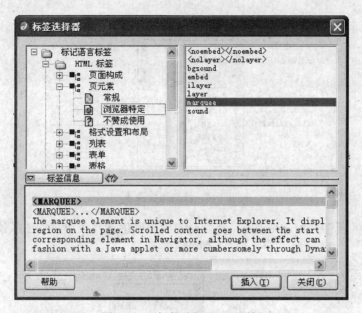

图 3.15 "标签选择器"对话框

在对话框左边窗口中依次选择"HTML 标签"—"页元素"—"浏览器特定",然后在右边窗口中单击"marquee"标记,再单击下面的"插入"按钮,"marquee"标记被插入到代码中,单击"关闭"按钮关闭对话框。

此时,设计窗口会自动切换为拆分窗口,在代码中会出现"<marquee>我是滚动文字</marquee>",如图 3.16 所示。

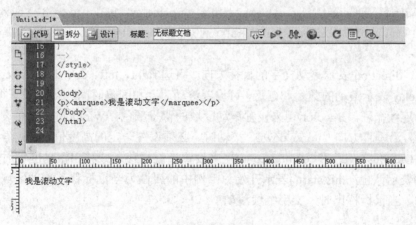

图 3.16 滚动标记

2. 设置滚动文字的属性

按上面的方法设置的滚动文字是沿水平方向从右向左滚动的,通过设置属性可以得到不同风格的滚动效果,在 Dreamweaver 8 的设计窗口中不能直接修改滚动文字的属性,需要在代码窗口中通过编辑 HTML 代码来完成。

在开始标记<marquee>中的 marquee 单词后面按空格键,会出现代码提示菜单,如图3.17 所示。

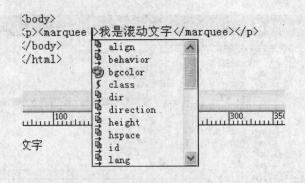

图 3.17   滚动属性菜单

选择所需的属性，如 direction。然后会弹出属性值选择菜单，如图 3.18 所示。

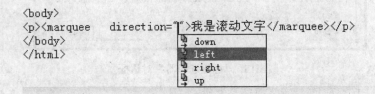

图 3.18   选择属性值

选择要设置的值，如"left"。依次可设置所有属性的值。

如果不出现提示菜单，也可以人工输入代码，但不能出错。滚动文字属性设置的代码格式如下：

```
<marquee  direction="right"  scrollamount="20"  scrolldelay="100"  loop="3"  bgcolor="red"
width="300" height="100" onmouseover="this.stop()" onmouseout="this.start()">我是滚动文字
</marquee>
```

其中，direction 表示滚动文字的目标方向，可选 right、left、up、down。Scrollamount 和 scrolldelay 表示滚动的数量和延迟，可设置滚动速度和间隔时间。Loop 设置循环次数，小于 1 为连续循环。Bgcolor 用来设置滚动区域的背景颜色。Width 和 height 设置滚动区域的大小，沿垂直方向（up 或 down）滚动时，必须设置一定的高度值，否则看不到滚动的文字。Onmouseover 和 onmouseout 用来设置当鼠标移入或移出滚动区域时的操作，this.stop()表示停止，this.start()表示开始。上例中的属性为当鼠标移入滚动区域时，文字停止滚动，当鼠标移出时，文字继续滚动。

3.1.6   设置锚记

命名锚记链接通常用来跳转到文档的特定主题处或文档的顶部。当一个网页内容很长时，使用锚记可以很方便地将窗口显示跳到所要查找的位置，加快信息检索速度。在文档内容较复杂、主题较多的时候，命名锚记链接更能体现其存在价值。

创建命名锚记链接的过程分为两步。

1. 设置锚记

创建命名锚记的步骤如下：

（1）在"文档"窗口的"设计"视图中，将插入点放在需要创建命名锚记的地方。

（2）在常用工具栏中单击"命名锚记"按钮 ，出现"命名锚记"对话框，如图3.19所示。

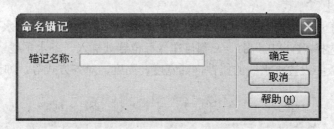

图 3.19　"命名锚记"对话框

为命名锚记输入一个名称，此名字最好不要包含汉字，如 a1。

（3）单击"确定"按钮，锚记标记 将会在插入点处出现。此标记在浏览器中浏览时不会显示出来，单击该标记，可以在"属性"面板中更改锚记的名称。

2. 使用锚记

一般在页面顶部制作包含锚记的网页的目录，然后将目录链接到锚记所在的位置，浏览网页时单击该链接窗口可以直接跳转到该位置。

为了能够链接到命名锚记，执行以下操作。

（1）在"设计"视图中，选择要创建链接的文本或图像。

（2）在属性面板中的"链接"文本框中，输入一个符号#和锚记名称，如#a，即可将链接目标设置为锚记位置，如图3.20所示。

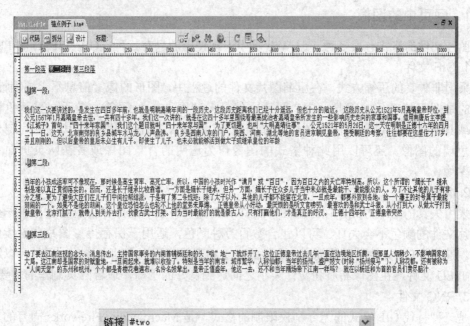

图 3.20　设置锚点

在其他网页文件中也可以设置调入有锚记的网页后直接跳转到指定的锚记位置，格式是在目标地址后加上"#"和锚记名称。

3.1.7 插入水平线

水平线可用于页面上内容的分隔。将工具栏切换成"HTML"，单击水平线按钮，或在"插入"菜单中选择"HTML"命令，都可在光标位置处插入一条水平线，单击该水平线，可在"属性"面板中设置水平线的属性，如宽度、高度、对齐方式等，如图 3.21 所示。

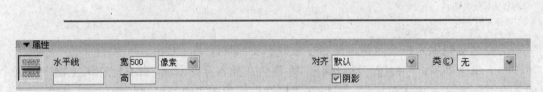

图 3.21　插入水平线

3.2　页面中图像的处理

图像是网页中最重要的元素之一，它可用来展示照片、图画或者修饰页面，使网页更美观。Dreamweaver 8 可以很方便地将图像插入到网页中并进行各种处理，也可以将图像作为超链接、背景图像，还可以配合 Fireworks 对图像进行简单的处理。

3.2.1　网页中的图像

图片文件的格式有很多种，但 Web 页中通常使用的只有三种：GIF、JPEG 和 PNG。
1. GIF 文件
采用非失真的压缩方式，在压缩图片文件的过程中，图形的像素信息不会被牺牲掉，牺牲的是图形的颜色。因此，GIF 图片文件最多使用 256 种颜色，最适合显示色调不连续或具有大面积单一颜色的图像，如导航条、按钮、图标、徽标或其他具有统一色彩和色调的图像。还可以用此种格式的图像作为透明的背景图像或者在网页页面上移动的图像。
2. JPEG 文件
采用失真的压缩方式，在压缩图片文件的过程中，图形的像素信息会被减去一些，但图片文件的颜色不会失真，可以包含数百万种颜色，适用于保存摄影图片或连续色调图像。随着 JPEG 文件品质的提高，文件的大小和下载时间也会随之增加，通常可以通过压缩 JPEG 文件，在图像品质和文件大小之间达到良好的平衡，适合网页制作的需要。
3. PNG 文件
是一种替代 GIF 格式的无专利权限制的格式，是 Macromedia Fireworks 固有的文件格式。PNG 文件可留所有原始层、矢量、颜色和效果信息（如阴影），并且在任何时候所有元素都是完全可编辑的。由于 PNG 文件具有较大的灵活性并且文件尺寸较小，所以它对于几乎任何类型的 Web 图像都是最适合的。但是，IE（4.0 和更高版本）和 Netscape Navigator（4.04 和更高版本）只能部分支持 PNG 图像的显示。因此，除非正在为使用支持 PNG 格式的浏览器的特定目标用户进行设计，否则请使用 GIF 或 JPEG，以迎合更多人的需求。

3.2.2　网页中图像的添加

1. 插入图像

在网页中插入图像的具体步骤如下：

（1）将插入点放置在要插入图像的位置，单击常用工具栏中"图像"按钮 ，或选择"插入"—"图像"命令，打开"选择图像源文件"对话框，如图 3.22 所示。

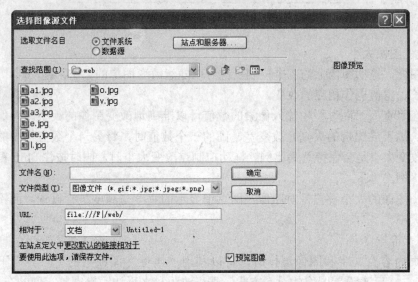

图 3.22　"选择图像源文件"对话框

（2）选择要插入的图像文件，在文件列表中单击一个图像文件时，"图像预览"区会显示这幅图像的缩略图。

（3）单击"确定"按钮，如果图像文件在站点文件夹中，就会直接插入到网页中，同时在编辑窗口中显示出图像。

如果图像文件不在站点文件夹中，会弹出"提示"对话框，提示将外部文件保存到站点文件夹中，如图 3.23 所示。

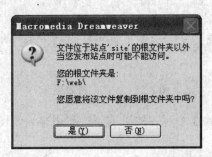

图 3.23　"提示"对话框

此处一定要单击"是"按钮,然后选择合适的位置将该图像文件保存到站点中。

将右侧"文件"面板中站点里的图像文件直接拖动到编辑窗口中,也可以将此图像文件插入到网页中。

2.设置图像属性

图片插入到网页中时,Dreamweaver 8 自动按照图像的大小显示。但有时也会想调整图像的一些属性,如大小、位置和对齐等。这时就需要用图像的"属性"面板来完成这些工作。图像的"属性"面板如图 3.24 所示。

图 3.24　图像"属性"面板

1)改变图像大小

选中图像,拖动图像上的三个控制点就可以随意改变图像的大小,拖动时,"属性"面板上的长、宽值也作相应的改变。

直接在"宽"、"高"栏中输入像素的数值可以准确地改变图像的大小。为保证图像不出现宽、高不成比例的失真,改变宽、高的一个数值时,将另一个数值栏中的数字删除,图像改变大小是会保持宽高比例。拖动控制点改变大小时,同时按住 Shift 键,也会保持宽高比例。

注意:图像的大小设置是对图像在网页中显示的宽度与高度进行设置,而不是指文件存储的大小。

2)图文混排

当网页内容有文字和图像混排时,可以利用"属性"面板上的"对齐"下拉列表 对齐 左对齐 ∨ 来设置图像的对齐方式、垂直边距和水平边距来调整它们的布局。

例如,在"对齐"下拉列表框内选择"左对齐"方式,在垂直边距文本框内输入 20,在水平边距文本框内输入 60,在边框文本框内输入 2,则图文混排的效果如图 3.25 所示。

图 3.25　图文混排效果

另外,"属性"面板上的 3 个对齐按钮 ≡ ≡ ≡ 用来设置图片在段落中的对齐方式。

3)图像替代文字

替换图像的文字说明是指用户为了提高网络信息调入的速度,可以关闭网页中图像的显示，此时浏览器中的图像会显示为一个带图像标志的方框，用户难以知道图像的本来内容，在"属性"面板中的图像替代栏中输入图像的文字说明，当浏览器关闭图像显示时，图像方框中会出现说明文字，当鼠标移到图像上面时，也会显示替代文字，这样浏览页面的用户虽然看不到图像文件，也要以通过文字说明来简单了解图像的内容或作用。

例如，在一个文档中插入一幅图像，并指定了图像的替换说明文字，如 **替换** 柠檬 所示。

在浏览器中浏览该页面，如图 3.26（a）所示。然后，在浏览器设置中将显示的图片功能关闭后，再次浏览该页面，如图 3.26（b）所示。比较前后两次浏览的区别可以看出，在图像无法正常显示后，替换的说明文字就代替了图像显示。

（a）   （b）

图 3.26　图像替换文字

4）图像边框

在图像边框栏中输入一个数字可设置图像的边框，默认的边框值为 0。边框线的颜色不能修改，通常将边框值设为 1，可以美化图像，如图 3.27 所示。

边框值越大，边框线越粗。

图 3.27　添加图像边框

3.2.3　图像超链接和图像地图

1. 图像超链接

在编辑窗口中选中图像，在"属性"面板的链接栏中输入链接的目标，再在其下面选择目标窗口，即可将图片设为超链接对象。在浏览器中单击图像，就可跳转到设定的目标。链接的目标对象同文字超链接，可以是站点内文件、站点外文件、邮箱和本页面内某一锚记。这里不再作详细介绍。

2. 图像地图（图像热点链接）

图像热点链接是在图片中利用超链接功能将相关链接内容的地址放在图片中的某个部分，使图像的该部分与某一链接产生映射关系，即当用户单击某个热点时，会发生某种操作。例如，在一幅安徽省地图（见电子素材库）上，单击不同城市所在的区域，就弹出相应城市的介绍。

图像地图可以在图像上设置多个不同形状的可以链接到不同目标的区域，每一个区域成为一个热区。下面通过一个实例来说明设置热区的过程。

（1）设置矩形热区。选中图像，单击属性面板上的矩形热点区域按钮 ▢，在图像上拖动一个矩形区域，拖动出的热点区域上会覆盖一层颜色，同时"属性"面板变为热区属性面板，如图 3.28 所示。

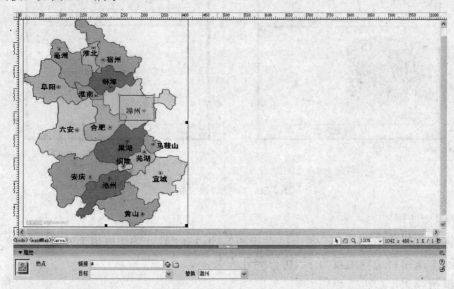

图 3.28　图像地图之矩形热区

在"属性"面板上设置这个热区链接的目标页面是 chuzhou.html，在替代栏中输入"滁州"。

（2）设置椭圆形热区。方法同上，单击椭圆形热点区域按钮 ◯，在图像上拖动一个椭圆形区域，设置这个热区的链接目标页面和替代文字"黄山"，如图 3.29 所示。

（3）设置多边形热区。单击多边形热点区域按钮 ⬡，在要设置热区区域的一个边缘位置单击，移动鼠标到多边形下一个顶点再单击，以此方法依次定义所有顶点。然后设置这个热区的链接目标页面和替代文字"六安"，如图 3.30 所示。

单击"属性"面板上的按钮 ▹，选择一个热区，可拖动热区移动其位置，也可以拖动热区上的控制点改变热区的大小和形状。

在浏览页面时，鼠标移到一个热区上，会出现这个热区的替代文字，单击热区，跳转到相应的目标。编辑时热区上的覆盖颜色不会在浏览器中显示。

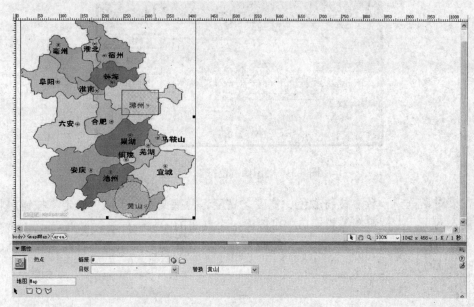

图 3.29　图像地图之椭圆形热区

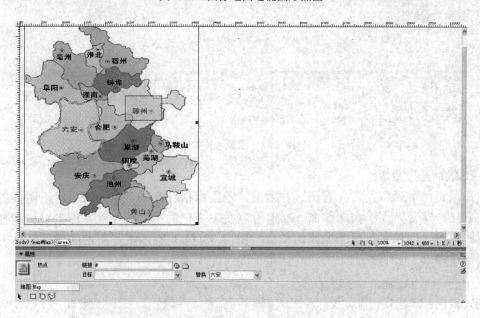

图 3.30　图像地图之多边形热区

3.2.4　图像占位符、鼠标经过图像和导航栏图像

1. 图像占位符

有时图像还没有准备好，为了网页版面的设计需要，需要先给图像预留个位置。此时就可以使用图像占位符暂时代替实际存在的图像。

选择"插入"菜单中的"图像对象"—"图像占位符"命令，打开"图像占位符"对话框，如图 3.31 所示。

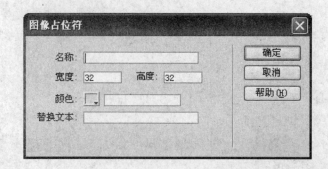

图 3.31 "图像占位符"对话框

在该对话框中设置占位符颜色、宽度、高度、替换文本，单击"确定"按钮可将占位符插入网页。占位符在编辑窗口中可以像一个真实的图片一样进行设置。

占位符在编辑窗口中显示为一个矩形框，网页在浏览时显示为不存在图像的框，如图 3.32 所示。

图 3.32 图像占位符

2. 鼠标经过图像

在浏览网页时，经常会看到这种效果，当鼠标指针移动到某图像上时，图像就会发生变化，即变为大小和原图像一样但内容发生变化的另一幅图像；而当鼠标指针离开此图像时，图像又恢复为原来的图像。图 3.33（b）所示就是所谓的鼠标经过图像（交替图像）。

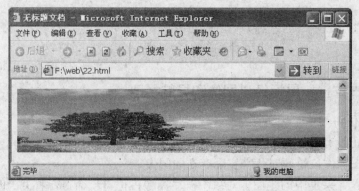

（a）

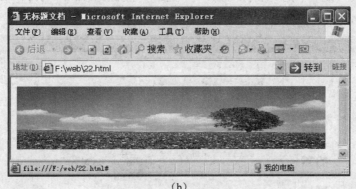

(b)

图 3.33　原始图像和鼠标经过图像

(a) 原始图像；(b) 鼠标经过图像。

鼠标经过图像实际上由两幅图像组成：初始图像（首次载入页面时显示的图像）和变换图像（鼠标指针移动到初始图像上时显示的图像）。两幅图像的大小必须相同，如果图像的大小不同，系统自动调整第二幅图像的大小，使之与第一幅图像匹配。

选择"插入"菜单中的"图像对象"—"鼠标经过图像"命令，打开"插入鼠标经过图像"对话框，设置原始图像和交替图像，如图 3.34 所示。

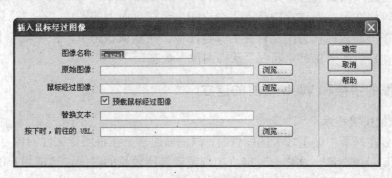

图 3.34　"插入鼠标经过图像"对话框

选中"预载鼠标经过图像"选项，在浏览器调入网页时将两幅图像都传输到客户端，否则只传输原始图像。选中此项网页调入较慢，但鼠标经过时，图像变化很快；不选中，则鼠标经过时图像变化较慢。

"替换文本"栏用于设置在关闭图像显示时的替换文字。

"按下时，前往的 URL"栏用于设置图像作为超链接进链接的目标，此时两幅图像被看作一幅图像。

单击"确定"按钮可将鼠标经过图像插入网页。鼠标经过图像在编辑窗口中可以像一个图像一样进行设置。

3. 设置导航栏图像

导航栏图像是指页面上的一系列作为网页标题的图像，这些图像在鼠标移过时会改变状态（如改变颜色、出现阴影），单击时会打开一个链接。

选择"插入"菜单中的"图像对象"—"插入导航条"命令，打开"插入导航条"
对话框，如图 3.35 所示。

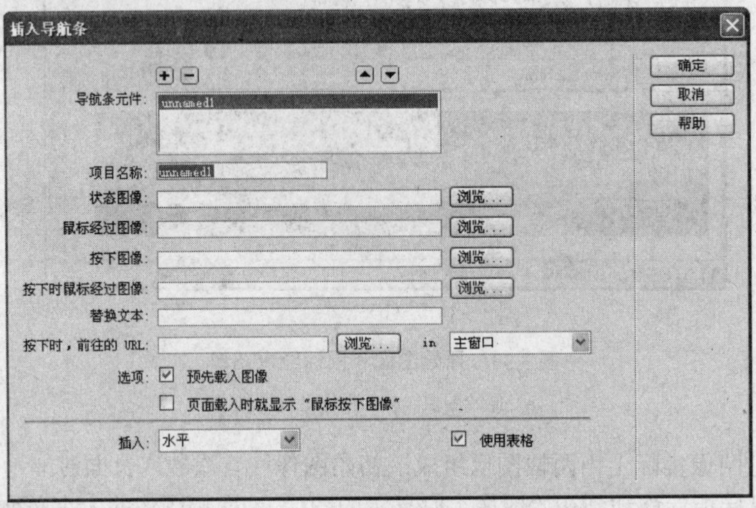

图 3.35 "插入导航条"对话框

在"基本"选项卡中可设置导航条图片的"状态图像"、"鼠示经过图像"、"按下图像"等图像变化，以及"替换文本"、"按下时，前往的 URL"等链接设置，选中"预先载入图像"可将在浏览器缓存中载入不会立即出现在页面上的图像。在"高级"选项卡中可改变基于当前鼠标状态的文件夹的其他图像。在默认状态下，在导航条中单击一个对象会自动使导航条中其对象回到"状态图像"状态。

3.2.5 图像的拼接和 Web 相册的建立

1. 图像的拼接技术

若确实要在网页中使用较大的图像时，浏览器通常是在将图像文件的内容下载完后，才在网页中显示该图像。这样会使网页的浏览者等待较长的时间，造成用户的不方便。为此，可采用拼接图像的方法，来解决长时间等待的问题。

拼接图像的方法就是用图像处理软件（如 Photoshop 或 Fireworks 等）将一幅较大的图像切割成几个小的部分，每部分图像分别以不同的名字存成不同的文件。在网页中再将它们分别调出，并"无缝"拼接在一起，形成一个完整的图像。采用这种方法，并不能使整幅图像的下载时间减少，但它可以让浏览者看到图像部分地下载完成的过程，减少了用户等待中的烦燥。

实现图像拼接的操作步骤如下：

（1）选定图像（见电子素材库）后，可以使用任何一种图像处理软件，对图像进行切割，如图 3.36 所示。

（2）制作完切割图像文件后，就是要在页面中拼接图像了。为此将光标移到 Dreamweaver 的文档窗口，然后在光标处插入第一幅切割的图像。

（3）按下 Shift+Enter 键后，将光标移到下一行，再按照上述方法插入第二幅、第三幅切割的图像，如图 3.37 所示。

50

图 3.36　用 Photoshop 切割图片

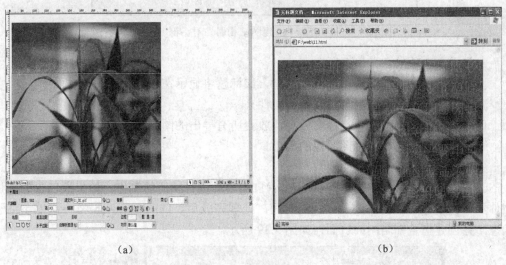

　　　　（a）　　　　　　　　　　　　　　　　　　　（b）

图 3.37　图像的拼接

（a）插入切割后的图片；（b）浏览图片。

　　这样，在浏览页面时看到的也是一个完整的图像。经过拼接之后的页面图像，下载时间会缩短。

　　注意：在切割图像时一定要认真，切割的图像尺寸要尽量严格，不要出现选出的虚线矩形中有白边或少选了一条图像的现象。

　　2. 建立 Web 相册

　　当手上拥有了许多图像，并想建立网页图库时，可以通过创建 Web 相册来实现。Web 相册是将许多图片保存在一起，并且将它们缩小显示在网页中，浏览者单击其中的一幅图片时，便弹出该图片的原图。制作时有一个小小的限制，就是在安装 Dreamweaver 的同时还要安装网页图像处理软件 Fireworks。Dreamweaver 使用 Fireworks 来为每个图像创建一个缩略图和一个较大尺寸的图像。然后 Dreamweaver 创建一个 Web 页，它包含所有缩略图以及指向较大图像文件的链接。

如果已经安装了 Fireworks，制作相册的具体步骤如下：

（1）建立源图像文件夹与目标文件夹，即将相册所需的图像文件（见电子素材库中"网站相册"文件夹）放置在源文件夹中，目标文件夹用于存放所有生成的相册内容。

（2）选择"命令"—"创建网站相册"菜单命令，出现如图 3.38 所示的"创建网站相册"对话框。

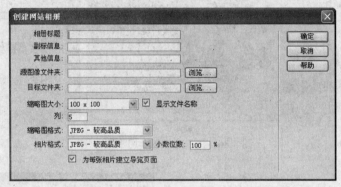

图 3.38　"创建网站相册"对话框

一些主要选项的含义如下所述。

相册标题：在文本框中输入一个标题，该标题将显示在包含缩略图的页面中。

源图像文件夹：选择包含源图像的文件夹。

目标文件夹：选择一个目标文件夹，放置所有导出的图像和 HTML 文件。

缩略图大小：选择缩略图图像的大小。

列数：输入显示缩略图的列数。

（3）单击"确认"按钮，Fireworks 就自动启动进行相册的制作。如果所包含的图像文件数目较多，可能会需要几分钟的时间。处理完成后，Dreamweaver 将再次处于活动状态，并创建包含缩略图的页面，如图 3.39 所示。

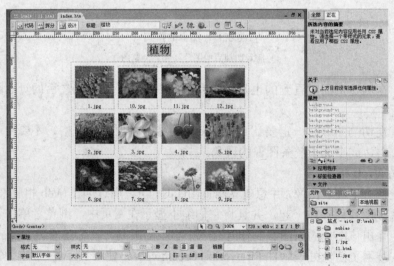

图 3.39　相册页面缩略图

52

预览页面，单击其中的某一幅缩略图，就会得到如图 3.40 所示的浏览结果。

图 3.40　相册预览效果

3.3　页面中表格的处理

表格在网页设计中占据着重要的地位，它是处理数据时最常用的一种形式，可以将大量的数据放入其中，直观地反映出数据在行与列之间的关系，以达到查阅快捷、管理便利的目的。此外，表格还是 Dreamweaver 对文本和图形进行页面布局时采用的强有力的工具。关于表格的布局操作将在后面章节中介绍，本章将集中介绍有关表格的基本操作。

3.3.1　网页中的表格

表格由数个行和列组成，行、列交叉组成表格的单元格，可以在表格的单元格内插入各种信息，包括文本、数字、链接、图像等。

在制作表格之前，以如图 3.41 所示的成绩表为例先了解一些表格术语。

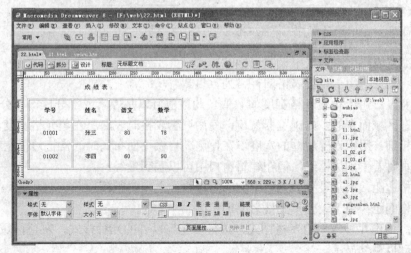

图 3.41　成绩表

行：表格的横向部分，如成绩表中包括 3 行内容。

列：表格的纵向部分，如成绩表中包括 4 列内容。

表头：表格的第一行又称为表格的"表头"，一般用来标注表格的列，这部分内容可以没有。成绩表的表头由"学号"、"姓名"、"语文"与"数学"组成。

单元格：表格的行与列的交叉就形成了表格的单元格，这是填写表格内容的位置。

边框：表格和单元格四周的边线。

单元格填充：在单元格中，单元格的内容和边框之间的距离。

单元格间距：在单元格中，单元格和单元格之间的距离。

3.3.2 网页中表格的添加和编辑

1. 创建表格

在设计视图窗口中，将插入点放在需要插入表格的位置后，操作步骤如下：

（1）选择"插入"—"表格"菜单命令，或在常用工具栏中，单击表格按钮 ，打开"表格"对话框，如图 3.42 所示。

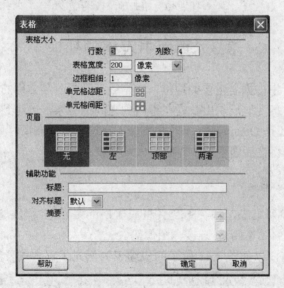

图 3.42　"表格"对话框

（2）在"表格"对话框中设置表格的样式。

行数、列数：用于设置表格的行、列数量。

表格宽度：用于设置表格宽度的数值。此数值可以是像素或百分比。百分比是相对于表格所在区域而言的，如浏览器窗口、使用嵌套表格时表格所在单元格宽度。

边框粗细：用于设置边框的宽度。在使用表格做页面布局时，常把边框宽度设为 0，在浏览网页时看不到边框线，但在编辑窗口中可以看到虚线。

单元格边距：用于设置单元格中文字与边框线之间的距离。

单元格间距：用于设置单元格之间的距离。

页眉：列出几种常见的表格样式，选择"无"以外的几种样式，灰色区域单元格中的文字自动以粗体显示。

54

标题：用于设置表格的标题。

对齐标题：用于设置标题在表格的上面还是下面，左边对齐还是右边对齐。

（3）单击"确定"按钮就可以把表格插到网页中。在表格的各个单元格中分别输入内容即可。

2. 选定表格对象

创建表格后，通过选定来完成设置属性、移动、复制及删除等操作。可以一次选定整个表格、一行、一列或几个连续的单元格，也可以选择表格中多个不连续的单元格，并修改这些单元格的属性。

在编辑窗口中，单击表格的左上角或在边框线上的任意位置双击，即可选中表格。

若要选择整行或整列，可将鼠标指针指向该行的左边框上，或者该列的上边框。当鼠标指针变为向右或向左的箭头时，单击以完成选择。

在表格的一个单元格中单击，即选中此单元格。

在表格的多个单元格中拖动鼠标，可选中多个单元格。若要选择不相邻的单元格，按住 Ctrl 键的同时，单击要选择的单元格；若是选择相邻的多个单元格，还可以先选中一个单元格，然后按住 Shift 键的同时，再单击另一个单元格。

3. 设置表格属性

将表格插入到网页后，为了使所创建的表格更加美观，需要对表格的属性进行设置。选定了表格后，在对应的"属性"面板上可以更改表格属性，如图 3.43 所示。

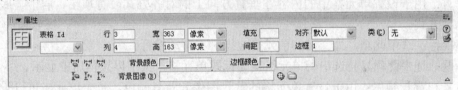

图 3.43　表格"属性"面板

"属性"面板中的行、列、宽、填充、间距、边框的设置和添加表格时的相同，这里可以修改其具体数值。

背景颜色：用于设置表格背景的颜色。

背景图像：通过选择一个图像文件，将此图像作为表格的背景。当同时设置了背景颜色和背景图像时，以设置的图像优先。

边框颜色：用于设置表格边框的颜色。

对齐：设置表格在所在区域中的对齐方式，有左对齐、右对齐和居中对齐三种。

属性面板左下角有 6 个按钮，可以设置表格宽、高属性。按钮 用于清除列宽设置，按钮 用于清除行高设置，按钮 用于将表格宽度值转化为像素，按钮 用于将表格高度值转化为像素，按钮 用于将表格宽度值转化为百分比，按钮 用于将表格高度值转化为百分比。

在编辑窗口中拖动表格的右边框可改变宽度，拖动下边框可改变高度。

4. 设置单元格属性

单元格"属性"面板如图 3.44 所示。

图 3.44　单元格"属性"面板

单元格"属性"面板的上半部分是对单元格中的文字进行设置,包括字体、格式、样式、大小、颜色、链接、目标等,与文字的属性设置基本相同。

单元格"属性"面板的下半部分设置方法如下:

水平:用于设置单元格中内容的水平方向默认的对齐方式。如果在上半部分又对文字设置了水平对齐方式,则以上半部分设置的为准。

宽、高:分别设置单元格的宽度和高度,可使用像素或相对于整个表格宽度和高度的百分比两种方式。

拖动单元格边框也可以改变其宽度和高度。拖动时按 Shift 键可不改变其他单元格的大小。

表格中一行的所有单元格必须具有相同的行高,一列中所有的单元格必须具有相同的列宽。当一列中各单元格的宽度和高度值设置不同的值时,一般自动使用最大的那个值。当一行中各单元格的高度值设置不同的值时,一般也自动使用最大的那个值。系统有时会根据设置的具体情况和单元格中的内容自动调整单元格的宽度和高度。

垂直:用于设置单元格中的内容在垂直方向上的对齐方式,有顶端、居中、底端、基线几种方式。

不换行:选中此项,当文字到单元格边缘时不自动换行。

标题:选中此项,将选中的单元格变为标题单元格,文字以黑体居中显示。

背景和背景颜色:用于设置单元格的背景图像和背景颜色,每个单元格可以设置不同的背景。

边框:用于设置单元格边框线的颜色。

合并单元格按钮:将所选的单元格、行或列合并为一个单元格,只有当单元格形成矩形或直线的块时才可以合并这些单元格。

拆分单元格按钮:拆分一个单元格,创建两个或多个单元格。一次只能拆分一个单元格;如果选择的单元格多于一个,则此按钮将禁用。

将鼠标在某个单元格中单击,使用"修改"菜单的"表格"命令可进行行列的增加或删除操作。

3.3.3　网页中表格的高级操作

1. 表格的导入、导出

Dreamweaver 8 可以将在其他编辑软件(如 Microsoft Excel)中创建,并以制表符、逗号、冒号、分号或其他分隔符保存的表格式数据导入到 Dreamweaver 中并重新格式化为表格。下面是一个导入 Execl 数据的实例。具体步骤如下:

1)导出 Excel 数据为文本文件

图 3.45 所示为一个使用 Excel 制作的学生信息表格。

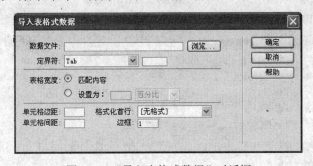

图 3.45 Excel 中制作的学生表

在 Excel 中使用菜单"文件"—"另存为"命令，打开"另存为"对话框，在"文件类型"中选择"文本文件（制表符分割）(*.txt)"，保存文件为"学生表.txt"。

2）导入为网页表格

选择"文件"—"导入"—"表格式数据"菜单命令或"插入"—"表格对象"—"导入表格式数据"菜单命令，打开"导入表格式数据"对话框，如图 3.46 所示。

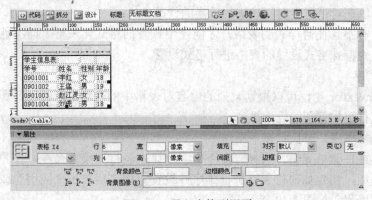

图 3.46 "导入表格式数据"对话框

数据文件：选择数据文件为 Excel 导出的文本文件"学生表.txt"。

定界符：选"Tab"。文本文件中的每个单元格间的数据也可用逗号、分号等分隔。

表格宽度：设置单元格的宽度，选择"匹配内容"复选框，也可以选择"指定宽度"。

格式化首行：设置首行是否使用黑体、斜体，这里选"黑体"。

单击"确定"按钮，数据则被导入为编辑窗口的一个表格，如图 3.47 所示。

图 3.47 导入表格到网页

除了从 Excel 中导入表格到 Dreamweaver 中，反过来，也可以从 Dreamweaver 中将表格导出到 Excel 中，方法如下：

（1）将插入点放置在表格中的任意单元格中。

（2）选择"文件"—"导出"—"表格"菜单命令，在弹出的"导出表格"对话框中，指定导出表格的选项。

（3）单击"导出"按钮，在弹出的"表格导出为"对话框中，输入文件的名称，然后单击"保存"按钮。在为导出后的文件命名时，应注意正确输入文件的扩展名，否则形成的文件可能会无法打开。

2．使用预先设计的格式化表格

在 Dreamweaver 中已预置了多种表格模式，可以使用"格式化表格"命令将预先设置的这些模式设计快速应用到选定的表格。具体操作如下：

在要格式化的表格中单击，使用"命令"—"格式化表格"菜单命令，出现"格式化表格"对话框，如图 3.48 所示。

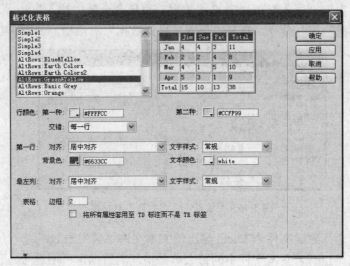

图 3.48 "格式化表格"对话框

在对话框左边的列表框中选择一种设计格式，对话框中会立即显示出应用选定设计格式的表格范例，单击"确定"，就能达到用所选的设计模式对表格进行格式设置的目的。如果需要，可以在对话框中对样式进行适当的修改。

注意：只有不含任何样式的表格，才能使用预置的格式化表格。即不能对包含合并单元格，或其他特殊格式设置的表格进行格式设置。

3．表格排序

在 Dreamweaver 中，可以根据某列的内容对表格中的内容进行排序，还可以根据两个列的内容执行更加复杂的表格排序。

若要对表格排序，可执行以下操作：

选定表格或任意单元格，选择"命令"—"排序表格"菜单命令，在弹出的"排序表格"对话框中，指定如何对表格进行排序。设置完成之后单击"应用"或"确定"按钮，即可完成操作，如图 3.49 所示。

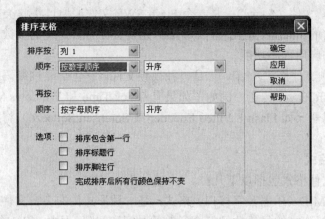

图 3.49 "排序表格"对话框

排序按：确定哪个列的值将用于对表格的行进行排序。

顺序：确定是按字母还是按数字顺序，以及是以升序还是降序对列进行排序。

再按/顺序：确定在不同列上第二种排序方法的排序顺序。在"再按"下拉列表中指定应用于第二种排序方法的列，并在"顺序"下拉列表中指定第二种排序方法的排序顺序。

排序包含第一行：指定表格的每一行是否应该包括在排序中。如果第一行是标题，则不选择此选项。

注意：不能对包含合并单元格的表格进行排序。

3.4 网页中媒体元素的处理

多媒体包括动画、音频、视频等元素。Dreamweaver 可以有效地将多媒体元素与网页中的其他元素有机地整合在一起，丰富网页的内容，为网页增添魅力。网页上运用流媒体技术，经过特殊编码，可以以边下载边播放的方式运行媒体文件。

3.4.1 网页中的媒体文件类型

由于开发厂家和开发技术的不同，流媒体文件有多种格式，常见的多媒体文件格式有以下几类。

1. Flash 文件格式

Flash 有多种文件格式，常见的有以下几种。

（1）Flash 文件（*.fla）：是在 Flash 程序中创建的，只能在 Flash 应用程序中打开。只有在 Flash 中将此类文件导出成 SWF 文件后才能插入网页，在浏览器中得以播放。

（2）Flash 的 SWF 文件（*.swf）：是在 Flash（*.fla）文件的压缩版本，已进行了优化，可在浏览器中播放。

（3）Flash 模板文件（*.swt）：用户能够修改和替换 Flash SWF 文件中的信息。这些文件用于 Flash 按钮对象中，用户可以根据自己的需要更改文本或链接，以便创建要插入到自己的文档。在 Dreamweaver 中，可以在 Dreamweaver/Configuration/Flash Objects/Flash Buttons 和 Flash Text 文件夹中找到这些模板文件。

（4）Flash 元素文件（*.swc）：是一个 Flash SWF 文件，通过将此类文件合并到 Web 页，可以创建丰富的 Internet 应用程序。Flash 元素文件有自定义的参数，通过修改这些参数可执行不同的应用程序功能。

（5）Flash 视频文件格式（*.flv）：是一种视频文件，它包含经过编码的音频和视频数据，用于通过 Flash Player 传送。例如，如果有 Quick Time 和 Windows Media 视频文件，那么可以使用编码器（如 Flash 8 Video Encoder 或 Sorensen Squeeze）将视频文件转换为 FLV 格式。

2. 音频文件格式

常见的音频文件格式包括以下几种。

（1）MIDI 或.MID（乐器数字接口）格式：是一种形式化的声音文件，没有存储真正的声音波形信息，所记录的是乐曲的每个音符的时间和间隔，再由 MIDI 合成器合成音乐。这种文件格式的优点是声音文件非常小，许多浏览器都支持 MIDI 文件；缺点是 MIDI 文件不能被录制，并且必须使用特殊的硬件和软件在计算机上合成。

（2）WAV 格式：是 Windows 使用的标准波形声音文件，具有较好的声音品质，许多浏览器都支持此类格式文件。

（3）AU 文件：最早用于站点上的声音文件格式，音质差，文件小。

（4）RA、RAM、RPM 或 REAL AUDIO 格式：具有非常高的压缩程度，文件尺寸小于 MP3，在 WWW 中广泛使用。特点是流式传输方式，传输和播放同时进行，即流音频技术。访问者必须下载并安装 RealPlayer 辅助应用程序或插件，才可以播放这些文件。

（5）AIF（或 AIFF）格式：与 WAV 格式类似，也具有较好的声音品质，大多数浏览器都可以播放，可以从 CD、磁带、麦克风等录制 AIFF 文件。

（6）MP3 格式：是一种压缩格式，它可令声音文件明显缩小，其声音品质非常好。如果正确录制和压缩 MP3 文件，其质量甚至可以和 CD 质量相媲美。MP3 技术使用户可以对文件进行"流式处理"，访问者不必等待整个插件（如 QuickTime、Windows Media Player 或 Realplayer）接收完成，就可以播放这些文件。

3. 视频文件格式

视频文件格式主要有以下三种，均支持压缩，需使用专门的软件进行播放，对网络带宽要求较高。

（1）MPEG1：相当于 VCD 的质量。

（2）MPEG2：文件最大，质量最好，相当于 DVD 质量。

（3）AVI：文件较小，应用广泛。

3.4.2 插入 Flash 文件

Dreamweaver 8 不但可以将 Flash 动画插入到网页中，还可以插入 Flash 按钮、Flash 文本和 Flash 视频。

1. 插入 Flash 动画

Flash 动画是一种高质量的矢量动画，它由 Macromedia 的 Flash 动画制作软件创建。由 Flash 软件创建的源文件是 FLA 格式，生成文件为 SWF 格式，在网页中只能插入的 Flash 动画为生成文件 SWF 格式。

插入 Flash 动画的方法如下：

在插入点处选择"插入"—"媒体"—"Flash"命令，或单击常用工具栏上的"媒体：Flash"按钮，打开"选择文件"对话框，选择要插入的 SWF 文件即可将其插入到网页中，如图 3.50 所示。

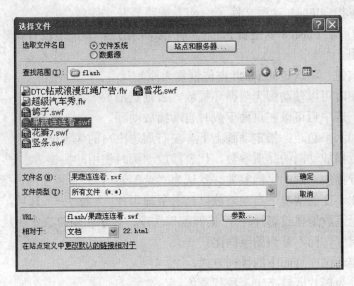

图 3.50 "选择文件"对话框

插入到编辑窗口的 Flash 动画显示为一个灰色矩形，中间有一个 Flash 标志。单击"属性"面板上的"播放"按钮，可以在编辑窗口中播放动画，此时单击播放按钮转换成"停止"按钮，播放停止，Flash 动画显示还原又变成灰色区域。在浏览器中浏览时，Flash 动画可以直接播放，如图 3.51 所示。

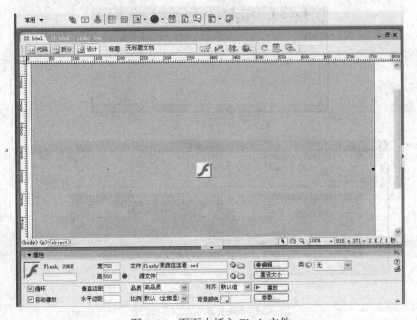

图 3.51 页面中插入 Flash 文件

61

在 Flash "属性" 面板中可以设置所选 Flash 文件的各种属性，各选项的含义如下。

Flash 文本框：输入动画的名字，作用是确定动画的脚本标识。

宽和高：以像素为单位指定动画的宽度和高度。Flash 动画是矢量图形，放大和缩小不会引起失真，可以根据需要调整大小。

文件：设置指向 Flash 动画文件（*.swf）的路径及文件名。

编辑按钮：启动 Flash 8 以更新 Flash 文件。如果用户计算机上没有安装 Flash 8 软件，此按钮将被禁用。

重设大小按钮：将选定的 Flash 占位恢复为原始尺寸。

循环：选中时可以使动画无限循环播放，否则只播放一次。

自动播放：选中后可以在页面下载时自动播放动画。

垂直边距和水平边距：指定动画上下、左右周边空白的像素值。

品质：设置播放动画的品质参数，代表播放动画时使用的抗锯齿水平。

比例：设置播放动画的比例参数。默认为 "全部显示"，表示在用户指定的尺寸中，保持原始纵横比不变的情况下自动缩放以显示全部影片；"无边框" 选项，表示在用户指定的尺寸中，无缩放地播放影片；"严格匹配" 选项，表示在用户指定的尺寸中，自动缩放以适应指定尺寸，而不管原始纵横比。

对齐：确定动画在页面中的排列方式。

背景颜色：为影片区域指定一种背景色。

播放/停止：单击绿色的播放按钮，可以在文档中浏览动画；单击红色的停止按钮，可以停止播放动画。

参数：单击后会打开一个 "参数" 对话框，在此对话框中可以设置参数，但所设的额外参数必须能被动画接受。例如，要将插入的 Flash 文件背景设为透明效果，可先选中 Flash 对象，在打开的 "参数" 对话框中，将 wmode 的值设为 transparent 即可，如图 3.52（a）所示。

（a）

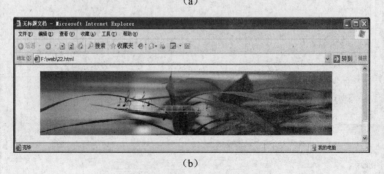

（b）

图 3.52　Flash 透明效果的设置

（a）"参数" 对话框；（b）效果图。

2. 插入 Flash 按钮

用户可以将 Flash 自带的 Flash 按钮插入到网页中，这些 Flash 按钮比一般的链接文字更美观，并且有动态效果。

插入 Flash 按钮的方法如下：

在插入点处选择"插入"—"媒体"—"Flash 按钮"菜单命令，或单击常用工具栏上的"媒体：Flash 按钮"铵钮 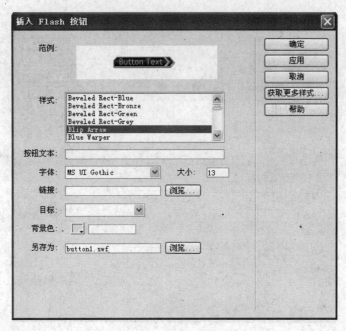 ，打开"插入 Flash 按钮"对话框，如图 3.53 所示。

图 3.53 "插入 Flash 按钮"对话框

对话框中各选项的含义如下。

样式：可以在列表中选择一种所需的按钮样式。选择后就会在"范例"域中显示所选的 Flash 按钮的预览效果。

按钮文本：键入铵钮上要显示的文字。

字体和大小：设置按钮上文字的字体和大小。

链接：设置单击按钮时链接的目标。

目标：为 Flash 按钮指定链接的文档将在其中打开的位置。

背景色：用于设置按钮所在区域背景的颜色，当调整按钮大小时，背景色才起作用。

另存为：输入一个文件名以保存设定好的 Flash 按钮文件。可以使用默认的文件名（button1.swf），或键入一个新名字。网页中的 Flash 按钮实际上是 Dreamweaver 自动生成的一个 Flash 动画文件，所以要单独保存。

插入到网页中的 Flash 按钮就可以像 Flash 动画一样在"属性"面板上修改它的其他属性。

注意：尽量不要在站点中出现中文路径名和文件名，这样可以避免很多错误；必须在插入 Flash 按钮或 Flash 文本前将文档保存。

3. 插入 Flash 文本

Flash 文本对象允许用户创建和插入只包含文本的 Flash 影片，用户可以从设计器选择字体和文本，创建较小的矢量图形影片。

在页面中插入 Flash 文本的方法同插入 Flash 按钮的方法相类似，具体操作如下。

在插入点处选择"插入"—"媒体"—"Flash 文本"菜单命令，或单击常用工具栏上的"媒体：Flash 文本"按钮 ，打开"插入 Flash 文本"对话框，如图 3.54 所示。

图 3.54 "插入 Flash 文本"对话框

"插入 Flash 文本"对话框和"插入 Flash 按钮"对话框有很多相同的选项，下面主要介绍不同选项的含义。

5 个格式化按钮：指定文本的格式属性，比如粗体、斜体和对齐方式。

颜色：设置字体颜色。

转滚颜色：设置在指针滑过 Flash 文字对象时显示的颜色。

文本：在此框中输入要插入的文本。

显示字体：如果选中会在文本域中显示出文字字体样式。

4. 插入 Flash 视频

在页面中插入 Flash 视频的方法同上，在插入点处选择"插入"—"媒体"—"Flash 视频"菜单命令，或单击常用工具栏上的"媒体：Flash 视频"按钮 ，打开"插入 Flash 视频"对话框，如图 3.55 所示。

对话框中各选项的含义如下。

视频类型：用于设置插入视频的类型，有累进式下载视频和流视频两种。

URL：用于指定插入的 Flash 视频的路径。

外观：用于指定播放视频的播放器外观。

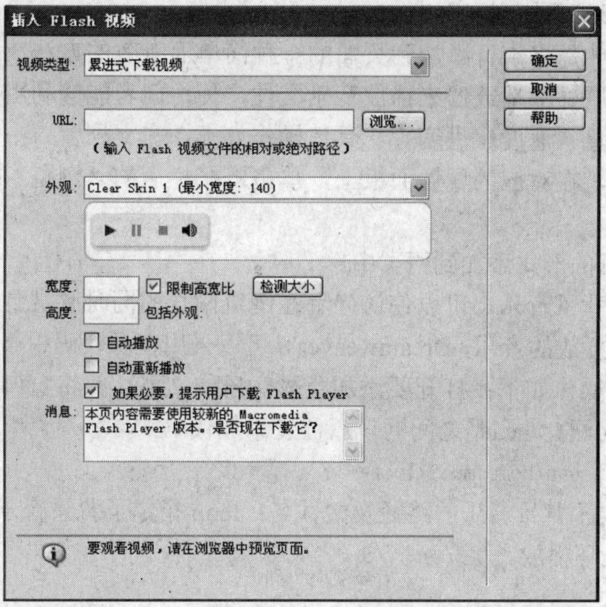

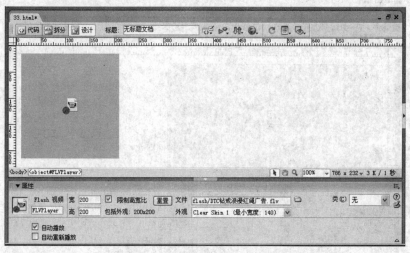

图 3.55 "插入 Flash 视频"对话框

宽度和高度：指定视频的播放尺寸，必须设定尺寸。

自动播放 / 自动重新播放：在浏览器浏览时的视频播放状态。

消息：指定在用户没有安装 Flash Player 时的提示信息。

插入完成后，在页面的编辑窗口会显示一个灰色的矩形区域，在"属性"面板上还可对视频文件作进一步的设置，如图 3.56 所示。

图 3.56　在页面中插入 Flash 视频

3.4.3　插入其他多媒体对象

1. 在页面中插入声音

给网页添加一些声音，会突出网页的多媒体效果，在网页中添加声音有多种形式。

1）以链接的形式添加到网页中

链接到音频文件是将声音添加到页面的一种简单而有效的方法。这种方法可以在单击超链接时自动调用外部播放器来播放音乐文件，使访问者能够利用播放器的按钮方便地选择收听时的音量、速度、进度等。具体操作如下：在文档窗口中，选择要指向声音文件的文本和图像，在对应的属性面板上，单击链接栏后的"浏览"按钮，链接到指定的声音文件。

2）以背景音乐的形式添加到网页中

在网页中添加背景音乐，可以使访问者在浏览网页的同时欣赏到美妙的音乐。背景音乐是在网页后台播放的音乐，Dreamweaver 8 可以采用在源代码中添加代码的方法来添加背景音乐，具体操作如下：打开要添加背景音乐的文档，并将窗口切换到代码视图，将光标定位在<head>与</head>之间的任意位置添加代码：

```
<bgsound src="sound/home.mp3" loop=-1>
```

其中：src 指定了背景音乐的路径及文件名；loop 指定了背景音乐循环播放的次数，当为-1 时为无限循环播放。

2．插入插件

插件是一种程序，浏览器一般能够直接调用插件程序。插件安装后就成为浏览器的一部分，可以处理特定的文件。插件的使用可以增强浏览器处理不同 Web 文件的能力，外接插件是用来扩充软件功能的一种重要手段和工具。在 Dreamweaver 8 中插件大致分为以下几种：Object、Behaviors、Inspectors 和 Commands 等。插入插件的具体操作如下：

在插入点处选择"插入"—"媒体"—"插件"菜单命令，或单击常用工具栏上的"媒体：插件"按钮 ，打开"选择文件"对话框，选择一个要插入的插件，单击"确定"即可将插件插入到网页中，如图 3.57 所示。

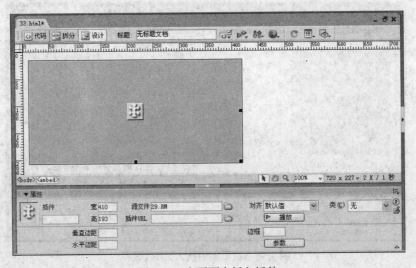

图 3.57　在页面中插入插件

插入插件后，在文档窗口会显示插件的占位符，选中占位符可以在"属性"面板上显示插件的相关属性。各属性含义如下：

插件：用于确定插件的脚本标识。

宽和高：以像素为单位指定对象的宽度和高度。

源文件：指定插件的源文件。

插件 URL：指定插件 URL 的属性，输入用户可以下载的插件的具体位置。如果在网页中没有插件，浏览器会尝试着从 URL 下载。

对齐：决定插件在页面上的对齐方式。

垂直边距和水平边距：以像素为单位指定插件四周的空白量。

参数：可以为插件设置参数。

边框：设置插件的边框，单位为像素。

3. 插入 Shockwave 文件

Shockwave 是一个很普及的浏览器的插件，它能将 Macromedia 公司的软件 Director、Authorware 和 freedhand 等制作的动画效果直接输出到网上。由于它是用在 Web 上的交互式多媒体格式，是一种经过压缩的格式，所以此类多媒体文件能够被快速下载，而且可以在大多数常用浏览器中进行播放。具体操作步骤如下：

在插入点处选择"插入"—"媒体"—"Shockwave"菜单命令，或单击常用工具栏上的"媒体：Shockwave"按钮 ，打开"选择文件"对话框，选择一个要插入的 Shockwave 文件，单击"确定"即可将 Shockwave 文件插入到网页中。

插入 Shockwave 文件后，也是以占位符的开式显示在文档窗口中，选中该占位符，可以在"属性"面板上修改相关属性。这里不再作说明。

4. 插入 Java Applet 程序

Java Applet 是用 Java 语言编写的一种小型应用程序，这种程序直接嵌入到页面中，由支持 Java 的浏览器解释执行，产生出特殊效果，大大提高 Web 页面的交互能力的动态执行能力。

在网页中插入 Java Applet 小程序的操作步骤如下：

在插入点处选择"插入"—"媒体"—"Java Applet"菜单命令，或单击常用工具栏上的"媒体：Java Applet"按钮 ，打开"选择文件"对话框，选择一个要插入的 Java 小程序文件（扩展名为.class），插入之后在文档窗口也是显示一个占位符，选中该占位符，可以在"属性"面板上修改相关属性。这里不再作说明。

5. 插入 ActiveX 控件

ActiveX 控件（即 OLE 控件）是可以充当浏览器插件的可重复调用的组件，在 IE 浏览器中运行。在页面中插入 ActiveX 控件的操作方法如下：

在插入点处选择"插入"—"媒体"—"ActiveX"菜单命令，或单击常用工具栏上的"媒体：ActiveX"按钮 ，打开"选择文件"对话框，插入之后在文档窗口也是显示一个占位符，选中该占位符，可以在"属性"面板上修改相关属性，如图 3.58 所示。

图 3.58　ActiveX 控件"属性"面板

相关属性含义如下：

Class ID：让浏览器辨认 ActiveX 控件身份。键入一个值或者从弹出菜单中选择一个，当页面下载时，浏览器使用 Class ID 来找到页面相关的 ActiveX 对象所需要的 ActiveX 控件。如果浏览器没有找到指定的 ActiveX 控件，它会在"基址"中指定的位置下载一个。

嵌入：使 Dreamweaver 为 ActiveX 控件在<object>标记内添加一个<embed>标记。

基址：指定包含该控件的 URL。如果在浏览者系统中没有该 ActiveX 控件，IE 会从该位置下载该 ActiveX 控件。如果没有指定 Base 参数，而浏览器又没有安装相应的 ActiveX 控件，浏览器将无法显示该 ActiveX 对象。

3.5 网页中表单元素的处理

表单可以用来把客户端的信息传送到服务器端处理，是静态网页与动态网页之间连接的桥梁。一般将表单设计在一个 HTML 文档中，当用户填写完信息后做提交（submit）操作，表单的内容就从客户端的浏览器传送到服务器上，经过服务器上的 ASP 或 PHP 等处理程序处理后，再将用户所需信息传送回客户端的浏览器上，这样网页就具有交互性。本节只介绍静态网页的制作。

表单中常用的有标签、文本框、密码框、文本域、单选按钮、多选按钮、下拉菜单和列表框、跳转菜单、按钮等元素，下面就介绍各种表单元素的操作。

3.5.1 插入表单

将常用工具栏切换成"表单"工具栏，如图 3.59 所示。

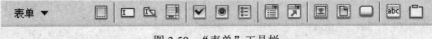

图 3.59 "表单"工具栏

单击表单按钮 即可在网页中插入一个表单，插入的表单区域用红色虚线表示，如图 3.60 所示。

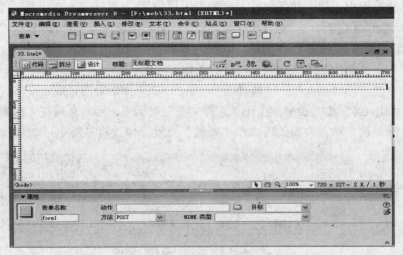

图 3.60 在页面中插入表单

68

随着向表单中插入内容的增多，轮廓线也将扩大。后面插入的所有表单元素都要插入到这个虚线框中。

选中红色虚线框，在"属性"面板上可设置表单的属性。

表单名称：键入一个唯一名称以标识该表单。命名表单后，就可以使用脚本语言控制该表单。如果不命名表单，则 Dreamweaver 使用语法"form n"生成一个名称。命名时最好不包含汉字字符串。

动作：指定到处理该表单的动态页或脚本的路径。可以输入完整路径，也可以单击浏览文件图标 🗀，定位到包含该脚本或应用程序页的适当文件夹。

如果指定到动态页的路径，那么该 URL 路径类似于以下形式：

http://www.Website.com/doform.asp

方法：用于指定表单数据传输到服务器的方法，有三种方法。

（1）POST：在 HTTP 请求中嵌入表单数据。

（2）GET：将值追加到请求该页的 URL 中。

（3）默认：使用浏览器的默认设置将表单数据发送到服务器。通常，表单采用的默认方式为 GET。

目标：指定显示调用程序返回数据的窗口。有四种形式。

（1）_blank：在未命名的新窗口中打开目标文档。

（2）_parent：在显示当前文档的窗口的父窗口中打开目标文档。

（3）_self：在提交表单所使用的窗口中打开目标文档。

（4）_top：在当前窗口的窗体内打开目标文档。此值可用于确保目标文档占用整个窗口，即使原始文档显示在框架中。

MIME 类型：指定对提交给服务器进行处理的数据使用 MIME 编码类型。

3.5.2　插入文本域、文本区域、隐藏域

1．插入文本域

插入"文本域"和插入单行的"文本区域"是同一种类型。因在 HTML 语言中使用的标记不同，所以分开介绍。

文本域分为两种类型：文本和密码。文本内容就是看到的单行文本，而密码则以"*"号或黑点掩盖实际文本内容的显示。一般在表单中，单行文本框用于用户填写用户名、地址等信息，密码框用于用户输入密码信息。

把插入点放在"表单"轮廓内，选择"插入"—"表单"—"文本域"菜单命令或在"表单"工具栏上单击"文本域"按钮 🖵，即可插入文本域，如图 3.61 所示。

在属性面板上可设置此文本字段。

文本域：用于输入文本字段的名称，所选名称必须在该表单内唯一标识该文本域。表单对象名称不能包含空格或特殊字符。

字符宽度：用于设置文本域的宽度。默认的长度为 20 个字符。

最多字符数：用于设置允许用户输入的字符数，当用户输入的字符数超过此值时，就不能再输入新的字符。

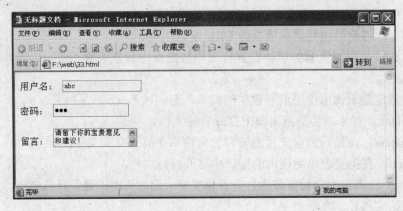

（a）

（b）

图 3.61　插入文本域及显示效果

（a）插入文本域；（b）显示效果。

当最多字符数不限制或大于字符宽度时，输入的字符会暂隐藏，移动光标可显示已输入的字符。

类型：指定文本域的类型。默认为"单行"，则在文本域中输入的内容可见，如果为"密码"，则在文本域中输入的字符以"*"或黑点表示。如果选择"多行"，则等同于"文本区域"的插入，文本框中可以输入多行的文本。

初始值：用于设置网页调入时单行文本域中自动显示的文字。这些文字在大多数用户填写的内容相同或相似时，可简化用户输入，也可以被浏览的用户修改。

2. 插入文本区域

插入"文本区域"可以输入多行文本信息。在创建多行文本域时，可以指定用户可输入的文本行数。一般用于输入用户留言、详细介绍等信息。文本域的标记是<textarea>。

在插入点放在"表单"轮廓内，选择"插入"—"表单"—"文本区域"菜单命令或在"表单"工具栏上单击"文本区域"按钮▤，即可插入文本区域，如图 3.62所示。

70

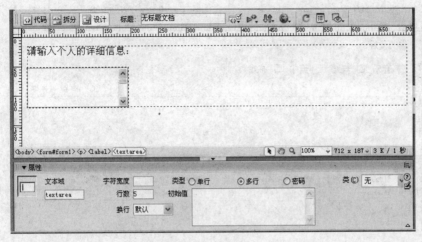

图 3.62　在表单中插入文本域

在属性面板上可设置文本区域的属性。

行数：用于设置文本区域显示的行数，用户输入可不受行数限制，但行数和宽度的设置最好与要输入的行数、宽度相适应。默认情况下设置的是两行的文本域。

换行：用于选择用户输入时的换行方式。当用户输入的信息太多，无法在定义的文本区域内显示时，可以选择一种换行方式。

1）关或默认

防止文本换行到下一行。当用户输入的内容超过文本区域的右边界时，文本将向左侧滚动。用户必须按 Return 键才能将插入点移动到文本区域的下一行。

2）虚拟

在文本区域中设置自动换行。当用户输入的内容超过文本区域的右边界时，文本换行到下一行。当提交数据进行处理时，自动换行并不应用到数据中。数据作为一个数据字符串进行提交。

3）实体

在文本区域设置自动换行，当提交数据进行处理时，也对这些数据设置自动换行。

3. 插入隐藏域

隐藏域是用来收集有关用户信息的文本域。为了方便处理在服务器上的表单，有时需要在表单中做一些特殊标记，这些标记并不显示在用户窗口中，但可以和用户所填写的表单一起提交，隐藏域的作用就是做这样一个标记。单击表单工具栏的"隐藏域"按钮 ，在网页中插入隐藏域后会看到一个隐藏域标志 ，单击此标志可在"属性"面板上设置隐藏域的名称和值。

3.5.3　插入复选框、单选按钮、单选按钮组

1. 插入复选框

复选框允许用户从一组选项中选择多个选项。

在插入点放在"表单"轮廓内，选择"插入"—"表单"—"复选框"菜单命令或在"表单"工具栏上单击"复选框"按钮 ，即可插入复选框，如图 3.63 所示。

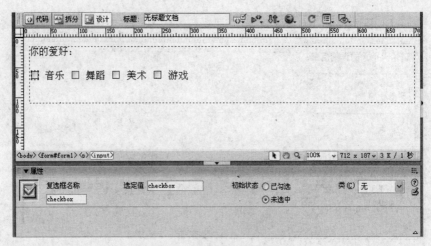

图 3.63 在表单中插入复选框

单击一个复选框可设置其属性。

选定值：用于其所定义的值，没有实际用途。

初始状态：用于设置网页调入时复选框是否处于选中状态。

2. 插入单选按钮

单选按钮用于用户选择唯一的正确答案，如性别为"男"、"女"等。

在插入点放在"表单"轮廓内，选择"插入"—"表单"—"单选按钮"菜单命令或在"表单"工具栏上单击"单选按钮"按钮 ◉ ，即可插入单选按钮，如图 3.64 所示。

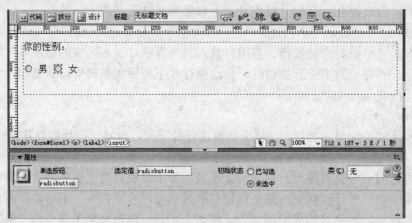

图 3.64 在表单中插入单选按钮

单击一个单选按钮可设置其属性。

一组相互排斥的单选按钮的名字必须相同，如"男"、"女"单选按钮的名字都为 sex，同时选定值必须不同，如"男"为 male、"女"为 female。

初始状态：用于设置一个单选按钮是否被选中。一组单选按钮中只能有一个按钮初始状态可以设为"已勾选"。

3. 插入单选按钮组

单选按钮组只有成组才能发挥它的作用，因此单选按钮组要比单选按钮的用途多一些。单选按钮组中的单选按钮都具有相同的名称。

在插入点放在"表单"轮廓内,选择"插入"—"表单"—"单选按钮组"菜单命令或在"表单"工具栏上单击"单选按钮组"按钮 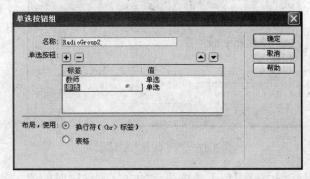,打开"单选按钮组"对话框,如图 3.65 所示。

图 3.65 "单选按钮组"对话框

在名称栏中输入这组单选按钮的名称。

在下面的列表中设置所有的选项,"Lable"栏用于列表显示的文字,"Value"栏用于指定选定值。

单击加号(+)按钮增加一个选项,单击减号(-)按钮删除选定的选项。单击向上或向下箭头,可以重新排序这些按钮。

"布局,使用"项:用户可以使用"换行符"或"表格"来设置这些按钮的布局。如果选择"表格"选项,则创建一个单列表,并将这些单选按钮放在左侧,将标签放在右侧。

单击"确定"按钮后就会在网页中插入单选按钮组,如图 3.66 所示。

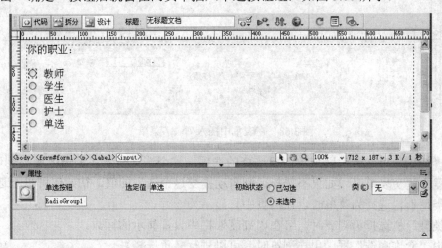

图 3.66 在表单中插入单选按钮组

3.5.4 插入列表/菜单、跳转菜单

1. 插入列表/菜单

将插入点放在"表单"轮廓内,选择"插入"—"表单"—"列表/菜单"菜单命令或

在"表单"工具栏上单击"列表/菜单"按钮 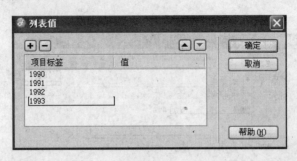，就会在网页中插入一个空的下拉式菜单。

单击空的下拉菜单，在"属性"面板上选择"列表"类型，再单击"列表值"按钮，打开"列表值"对话框，如图 3.67 所示。

图 3.67 "列表值"对话框

在"列表值"对话框中设置每个选项显示的文字和选中时的值。单击加号或减号按钮可以增加或删除一个选项，向上或向下箭头可以将选项重新排序。

设置完成后，单击"确定"按钮返回，"属性"面板的"初始化时选定"区域显示加入的所有选项，如图 3.68 所示。

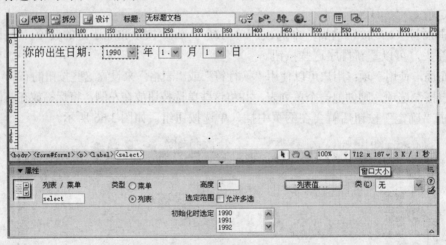

图 3.68 在表单中插入列表/菜单

在"初始化时选定"区域单击要选择的选项，这个选项显示在编辑区域的列表中。在浏览器中提交表单时，如果不选择，则自动提交这个选定的值，初始值可以不选择。

"类型"栏选择为菜单时，在网页中只显示为一行。

"类型"栏选择为列表时，可在"高度"栏中设置显示的行数。

选中"允许多选"框，用户浏览时，可以进行多重选择。

2. 插入跳转菜单

跳转菜单是指选择一个选项后，直接跳转到指定的网页。

在插入点放在"表单"轮廓内，选择"插入"—"表单"—"跳转菜单"菜单命令或在"表单"工具栏上单击"跳转菜单"按钮 ，打开"插入跳转菜单"对话框，如图 3.69 所示。

74

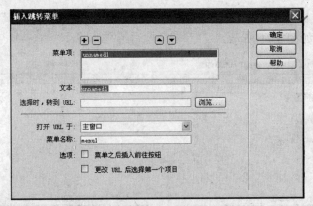

图 3.69　"插入跳转菜单"对话框

在"菜单项"栏显示已经设置好的菜单项。

单击加号或减号可以增加或删除一个选项，单击向上或向下的箭头可以重新排序各选项。

在"文本"栏中输入菜单中显示的文字。

在"选择时，转到 URL"栏中输入选择此项时跳转到的目标页面。

选中"菜单之后插入前往按钮"，则在网页中浏览时，选择一个选项后，单击"前往"按钮才会跳转；不选此选项，在菜单中选择一个选项后，直接跳转到指定页面，如图 3.70 所示。

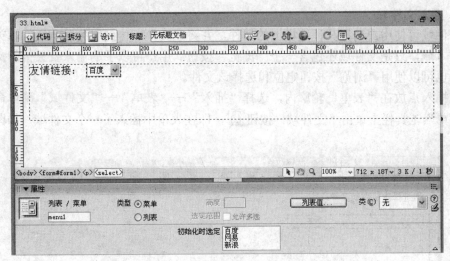

图 3.70　在表单中插入跳转菜单

3.5.5　插入图像域、文件域、按钮

1. 插入图像域

"图像域"使用指定的图像作为按钮。如果使用图像来执行任务而不是提交数据，可以将某种行为附加到表单对象。

在插入点放在"表单"轮廓内，选择"插入"—"表单"—"图像域"菜单命令或在"表单"工具栏上单击"图像域"按钮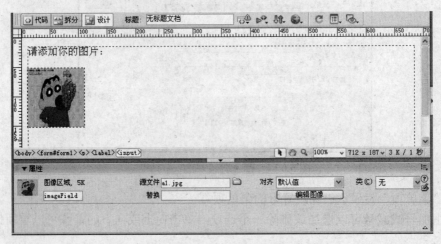，打开"选择图像源文件"对话框，选择要作为按钮的图片，如图 3.71 所示。

图 3.71　在表单中插入图像域

选中图像域对象，在"属性"面板上可以更改选择的图片，以及图片的对齐方式等。单击"源文件"域后的浏览文件图标，可以更改作为按钮的图片源。

在"替换"域中，输入要替代图像显示的任何文本，该文本适用于纯文本浏览器或设置为手动下载图像的浏览器。

2. 插入文件域

文件域可使用户选择其计算机上的文件，并将该文件上传到服务器。文件域类似于其他文本域，只是文件域还包含一个"浏览"按钮。用户可以手动输入要上传的文件的路径，也可以使用"浏览"按钮定位和选择该文件。

在插入点放在"表单"轮廓内，选择"插入"—"表单"—"文件域"菜单命令或在"表单"工具栏上单击"文件域"按钮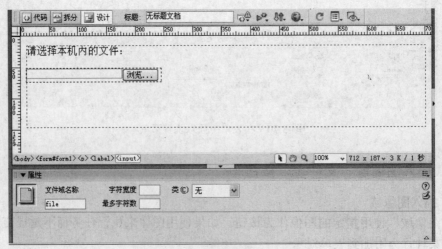，即在表单中插入了一个文件域，如图 3.72 所示。

图 3.72　在表单中插入文件域

选中该文件域，可在"属性"面板上设置要显示的字符宽度和最多字符数。

3. 插入按钮

表单上的按钮有普通按钮、提交按钮和重置按钮三种类型，分别对应于按钮的类型是：button、submit、reset。

一般按钮没有指定的动作，可以配合自己的 JavaScript 脚本来相应；提交按钮具有提交表单的指定动作，当将按钮的"动作"设为"提交表单"时，将自动执行提交表单的动作；重置按钮具有清除表单内容恢复默认状态的功能。

将插入点放在"表单"轮廓内，选择"插入"—"表单"—"按钮"菜单命令或在"表单"工具栏上单击"按钮"按钮 🔲，即在表单中插入了一个按钮，如图 3.73 所示。

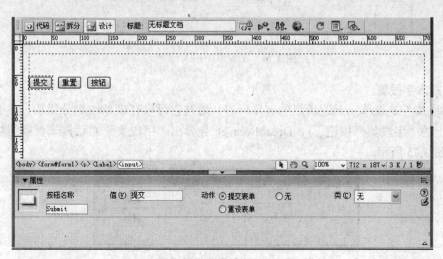

图 3.73 在表单中插入按钮

选中按钮，可在"属性"面板上设置其属性。

按钮名称：为按钮分配名称。

值：用来确定铵钮上显示的文本。

动作：确定单击该按钮时发生的操作。

（1）提交表单：会自动将按钮的名称设置为"提交"，将表单提交到服务器上进行处理。

（2）重设表单：会自动将按钮的名称设置为"重设"，将表单上填写的所有内容清除，恢复到网页调入时的状态；

（3）无：可将按钮设为普通按钮，并需要配合脚本程序进行动作。

表单中一般插入"提交"和"重设"两个按钮。

3.5.6　插入标签、字段集

1. 插入标签

"标签"提供了一种在结构上将域的文本标签和该域关联起来的方法。其实与直接写入文字效果相同。单击表单工具栏上的"标签"按钮 🔤，插入完标签后，Dreamweaver 会自动将工作方式切换到拆分视图，并将当前鼠标焦点指向代码部分的标签标记中，这时可以直接键入文字，如图 3.74 所示。

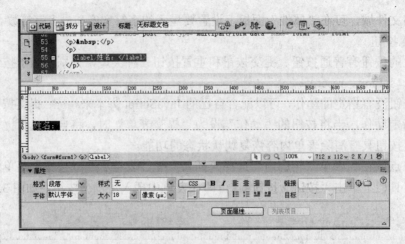

图 3.74　在表单中插入标签

2．插入字段集

"字段集"是表单元素逻辑组的容器标签。通过它可以在表单中划分组块，单击表单工具栏上的"字段集"按钮□，Dreamweaver 会弹出"字段集"对话框来设置组块的名称，如图 3.75 所示。

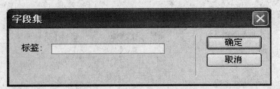

图 3.75　"字段集"对话框

设定好区块名称之后，即按设定的区块来划分表单内容，如图 3.76 所示。

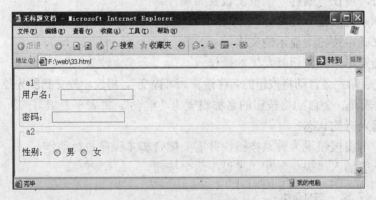

图 3.76　表单的区块划分

本 章 小 结

本章介绍文本、图像、超链接、表格、动画、电影、表单等网页中基本元素的插入方法及其属性的设置方法。使用 Dreamweaver 的设计视图可以方便地将这些元素插入到网页中，大大提高了制作网页的效率。本章还介绍了网页页面属性的设置方法。通过本章学习，学生们应该熟悉各类元素的用途，并在此基础上提高自己。

实训　在页面中插入网页元素

一、实训目的

（1）了解组成网页的基本元素。

（2）掌握文本、图像、表格、超链接、媒体元素的添加和编辑方法。

二、实训要求

（1）掌握网页中各元素的插入及属性设置。

（2）掌握超链接的创建方法。

（3）学会给网页添加音乐媒体的方法。

（4）掌握多媒体对象的属性设置。

三、实训内容

（1）建立一个本地站点。

步骤略。

（2）制作一个包含导航图像、导航按钮、表格、滚动文字和超链接的页面 Web1.html。

① 新建一个空白页，在页面中插入 3 行 1 列的表格 1，表格的宽度设为 700 像素，边框设为 0、间距和填充均为 0，表格居中对齐。

② 在表格 1 的第一行中插入一个 2 行 1 列的表格 2，表格宽度设为 100%。在表格 2 中的第一行中插入导航图像 1.jpg，设置图片的属性。

③ 在表格 2 的第二行中插入一个 1 行 5 列的表格 3，表格的宽度设为 100%。调整表格 3 的第一列的宽度为 150 像素，并插入日期，在表格 3 的其他列中插入 Flash 按钮。其中，音乐按钮的链接文件为 Web2.html。

④ 在表格 1 的第二行中插入一个 2 列 1 行的表格 4，表格的宽度设为 100%。在表格 4 的第一列中插入滚动公告，在表格 4 的第二列中插入网站的标题信息，并给相应标题添加超链接。

⑤ 在表格 1 的第三行中插入一个水平线，水平线的宽度设为 70%，在水平线的下方插入版权说明。

⑥ 预览保存。

Web1 网页预览效果如图 3.77 所示。

（3）制作一个音乐列表页面 Web2.html。

① 新建一个空白页面，设置背景颜色为深色。

② 插入一个 5 行 5 列的表格，表格宽度设为 700 像素，边框为 1，间距、填充均为 0，表格居中对齐。表格背景颜色为#9999FF，边框颜色为#CCCCCC。表格各行高度为 30 像素。

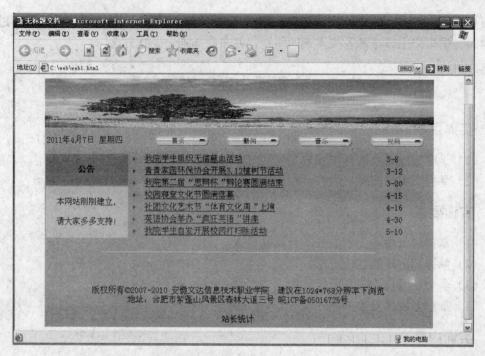

图 3.77　Web1 网页预览效果

③ 如图 3.78 所示，输入表格内容，将文字颜色设置为#FFFFFF，表格标题行文字加粗显示，各行文字均居中对齐。

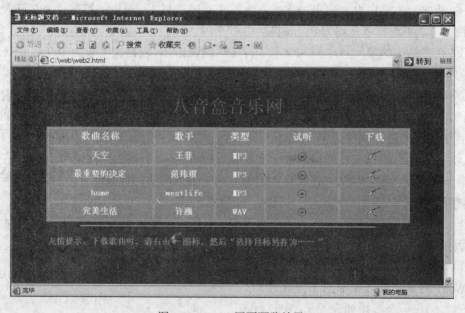

图 3.78　Web2 网页预览效果

④ 在表格下方插入一条水平线，然后在水平线的下方插入一个 2 行 2 列的表格，表格宽度为 700 像素，边框、间距、填充均为 0，表格居中对齐。表格各行高度均为 30 像素。

80

⑤ 在表格下方插入一条水平线，然后再插入一个 1 行 1 列的表格，表格宽度为 700 像素，边框、间距、填充均为 0，表格居中对齐。表格行高为 30 像素。

⑥ 在此表格中输入"友情提示：下载歌曲时，请右击图标，然后'选择目标另存为…'"，文字大小默认，文字颜色为#9999FF，文字左对齐。

⑦ 为表格中的音乐列表链接声音文件。给每个试听的小图标选择链接的声音文件，给每个下载的小图标选择与试听相同的链接声音文件。当单击试听图标时，自动打开默认的声音文件播放器，并开始播放相应的音乐，如图 3.79 所示。当用鼠标右击下载图标时，可从下拉菜单中选择"目标另存为…"选项，在弹出的"另存为"对话框中设置下载的文件名及路径，单击"确定"按钮开始下载，"文件下载"对话框如图 3.80 所示。

⑧ 预览保存。

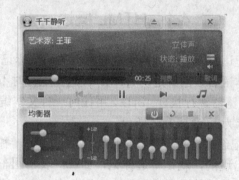

图 3.79　打开默认播放器播放音乐

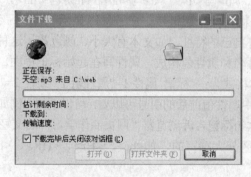

图 3.80　"文件下载"对话框

81

第 4 章　HTML 基本标记

【教学目标】

了解 HTML 标记的组成；掌握 HTML 文档的基本结构和常用标记；培养阅读页面的 HTML 标记和编写基本页面的能力。

4.1　HTML 概述

HTML 即超文本标记语言，是一种用来创建网页的简单标记语言。

HTML 是一种纯文本语言，也就是说 HTML 代码在运行时不用事先编译为二进制代码，而是直接通过网页浏览器逐行执行。所以，用任何一种文本编辑器就可以编写 HTML 代码，只需将后缀名保存为.html 或.htm 即可。

HTML 由一系列标记组成，每一种标记向浏览器说明了一种页面元素。标记有单边和双边两类。凡是单个出现的，就是单边标记，如
表示回车换行，<hr>表示显示一条水平线。凡是成对出现的，就是双边标记，分别代表一种功能的开始和结束，如以下各对：<html>与</html>、与、<a>与</a>，<h3>与</h3>，均边双边标记，分别表示 HTML 文档、文本加粗、一个超链接、三号标题显示。

大多数页面属性都有自己的特征，如文本有大小、颜色等，这种特征称为属性。属性是某一标记的参数，由属性名和属性值构成。属性写在起始标记里面，若有多个属性，每个属性之间用空格隔开。基本格式为：<标记 属性1="属性值1" 属性2="属性值2" 属性3="属性值3" …>…</标记>，其中属性值前后的引号可以要，可以不要。例如<font size=3 color=blue>网页制作学习</font>，这句标记告诉浏览器"网页制作学习"的文字以蓝色 3 号字显示。

另外，标记元素不区分大小写的，如<hr>、<Hr>、<HR>、<hR>都是一样的。

4.2　HTML 文档基本结构标记

用 HTML 标记创建的文档称为 HTML 文档，它由按照一定规则组合起来的各种标记组成，其基本结构如下：

```
<html>
  <head>
    <title>文档的标题</title>
    <meta>
  </head>
  <body>
```

页面正文部分

　　</body>

</html>

4.2.1　开始与结束标记

　　<html>标记用来定义文档的开始，对应的结束标记</html>则定义文档的结束。

4.2.2　头部标记

　　头部标记的格式为<head>…</head>，该组标记用于定义文档的头部。在网页的头部里可以用<title></title>标记定义文档的标题，可以用<meta>标记定义与文档相关的信息。

4.2.3　说明信息标记

　　说明信息标记为<meta>，它可以插入很多很有用的属性。下面介绍四种：

　　（1）<meta name="keywords" content="关键词1,关键词2,…">

　　用来标记搜索引擎在搜索你的页面时所取出的关键词。

　　（2）<meta name="author" content="作者名">

　　用来标记文档的作者。

　　（3）<meta http-equiv="Content-Type" content="text/html; charset=gb2312">

　　用来标记页面的解码方式。上面代码表示强制浏览器编码设为简体中文（GB2312）。

　　（4）<meta http-equiv="refresh" content="5;URL=http://www.sina.com.cn">

　　用来自动刷新网页。上面代码表示每隔5秒钟刷新一次页面。

4.2.4　标题标记

　　标题标记格式为<title>…</title>，它只能出现在文档的头部标记里，该组标记之间可以设置文档的标题，例如：

　　<title>我的个人主页</title>

4.2.5　主体标记

　　<body>用于定义文档正文的开始，</body>用于定义文档正文的结束。该组标记中除了<html>、<head>、<title>、<meta>和框架标记外，其他所有的标记都可以在其中。

　　常用的属性如下：

　　Bgcolor：定义文档背景颜色。

　　Background：指向用做文档背景的图片的URL。

　　Text：非可链接文字的颜色。

　　Link：可链接文字的颜色。

　　Alink：正被单击的可链接文字的颜色。

　　Vlink：定义已被访问过的链接的颜色。

　　Leftmargin：以像素为单位设置文档左侧边界的宽度，即左边距。

　　Topmargin：以像素为单位设置文档顶边界的宽度，即顶边距。

例如：<body bgcolor="red" text="#ffffff" leftmargin=0>，是将网页的背景颜色设为红色，非可链接的文字颜色为白色，顶边距为 0。

4.2.6　注释标记

注释标记格式为<!--注释内容-->，该标记不被浏览器所解释，用于页面设计者记录制作时的注释信息。

4.2.7　综合示例

【例 4.1】在 Windows 自带的记事本里编写以下代码，文件名保存为 ex4-1.html（见电子素材库），保存类型为所有文件。

```
<html>
<head>
<title>网页学习</title>
<meta http-equiv="Content-Type" content="text/html; charset=gb2312" />
</head>
<body bgcolor="#000000" text="#FF0000" leftmargin="0" topmargin="0">
HTML 文档标记测试！<!--这是注释，在页面中不显示-->
</body>
</html>
```

显示的效果如图 4.1 所示。

图 4.1　ex4-1.html 运行结果

代码说明如下：

第三行：<title>网页学习</title>，表示把文档的标题设为"网页学习"。

第六行：<body bgcolor="#000000" text="#FF0000" leftmargin="0" topmargin="0">，表示把文档的背景颜色设为黑色，把非可链接的文字颜色设为红色，文档的左边距和顶边距都设为 0。

4.3　文本格式标记

4.3.1　标题字体标记

标题字体标记也可称为标题标记，基本格式为<Hn>…</Hn>（其中 n=1，2，3，…，

6），用于表示文章中的各级标题的大小，n 值越小，标题越大。

例如：<H2>这是 2 号标题</H2>，显示的文字"这是 2 号标题"效果为黑体，并自动插入一个空行。

4.3.2　字体标记

字体标记格式为<font>…</font>，常用的属性如下：

Size：设置文字的大小，有效值范围为 1～7，默认值为 3，值为 1 字号最小。

Face：设置字体。

Color：设置文字的颜色。

例如：<font size=5 color=#00ff00 face="华文行楷">字体标记测试</font>，显示的文字效果为：5 号大小，颜色为蓝色，字体为华文行楷。

4.3.3　字体效果标记

HTML 中有如下一些常用的字体效果标记符：

（1）…

功能：文本加粗。

（2）<i>…</i>

功能：文本倾斜。

（3）<u>…</u>

功能：文本加下划线。

（4）<strike>…</strike>

功能：文本加删除线。

（5）[…]

功能：设置文本为上标，例如：x²，显示效果为：x^2。

（6）_…

功能：设置文本为下标。

4.3.4　段落标记与换行标记

1．段落标记

段落标记格式为<p>…</p>，<p>定义段落的开始，</p>定义段落的结束，</p>通常可能省略不写。单独一个<p>标记产生一个空行。

常用的属性为 align，功能是设置水平对齐方式，常见的取值为 left、right、center，分别代表左对齐、居中对齐、右对齐。例如：<p align=center>文字居中对齐</p>。

2．换行标记

换行标记为
。它是一个单标记，没有对应的结束标记。
后的文本将换行显示，换行的文本与前面的文本仍属于同一段落。

4.3.5　水平线标记

水平线标记格式为<hr>，是一个单标记。常用的属性如下：

Size：设置水平线的高度。

Width：设置水平线的宽度。

Align：设置水平线的对齐方式，常用取值有 left、center、right。

Color：设置水平线的颜色。

例如：<hr size=5 width=400 align=center color=red>，将显示一条高为 5 像素、宽为 500 像素、红颜色的、水平居中的水平线。

4.3.6　在网页中插入滚动字幕标记

在 HMTL 文档中要实现文字或图片的滚动效果，可使用<marquee>标记。其格式为<marquee>…</marquee>，常用的属性如下：

Width、height：设置滚动区域的宽度和高度。

Direction：设置滚动的方向，取值可以是 left、right、up 或 down，分别代表向左、向右、向上和向下滚动，默认值为 left。

Behavior：设置滚动的方式，取值可以是 scroll、slide 或 alternate，分别代表循环滚动、只滚动一次或来回滚动。

Loop：设置滚动的次数。或值为-1，代表无限次滚动。

Scrollamount：设置滚动的速度，数量越大、速度越快。

Scrolldelay：设置滚动的延迟时间，默认值为 90ms。

Bgcolor：设置滚动区域的背景颜色。

【例 4.2】设计一个滚动字幕，该滚动字幕的宽为 200px、高为 300px、背景颜色为 #cccccc、文字自下而上滚动，当光标移到滚动区域时，文字则停止滚动，当光标移动时则继续滚动。

实现以上功能的 HTML 代码如下（文件保存为 ex4-2.html（见电子素材库））：

```
<html>
<head>
<meta http-equiv="Content-Type" content="text/html; charset=gb2312" />
<title>网页学习</title>
<body>
<marquee direction="up" width="200" height="300" bgcolor="#cccccc" onMouseOver="this.stop()" onMouseOut="this.start()">测试文字滚动的效果! </marquee>
</body>
</html>
```

4.3.7　其他文本格式标记和特殊符号

1. 置中标记

置中标记的格式为<center>…</center>，可以将文本、图片、表格等对象置中。例如：<center>文字居中显示</center>。

2. 预格式化标记

该标记的格式为<pre>…</pre>，它可使 HTML 文档中的空格、Tab 符、回车符起作用，即该标记中的内容按照文档中预先排好的形式进行显示。

3. 特殊符号

在 HTML 语言中，有些符号已被标记或标记的属性所占用，因而需特别规定其表示方法。常用的符号见表 4.1。

表 4.1　常用符号表

特殊符号	HTML 表示法
<	&LT;
>	&GT;
"	&QUOT;
&	&AMP;

4.3.8　综合使用文本格式标记编写网页

【例 4.3】在编辑器中输入文件 ex4-3.html（见电子素材库）的代码，代码清单如下：

```
<html>
<head>
<meta http-equiv="Content-Type" content="text/html; charset=gb2312" />
<title>文本标记学习</title>
</head>
<body background="images/01.jpg">
<center>
<b>显示粗体字</b><br>
<font color="#FF0000" face="华文新魏">显示红色华文新魏字体</font>
</center>
<hr color="#333333">
  显示上标:x<sup>2</sup><p>
  显示下标:x<sub>2</sub><br>
<hr>
<h2 align="center">显示居中的 2 号标题文字</h2>
<pre>
                    *
            *       *
                    *

</pre>
</body>
</html>
```

显示效果如图 4.2 所示。

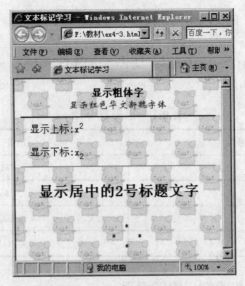

图 4.2　ex4-3.html 运行结果

4.4　列表标记

4.4.1　有序列表

有序列表使用编号，而不是项目符号来编排项目。列表中的项目采用数字或英文字母开头，通常各项目间有先后的顺序性。在有序列表中，主要使用有序列表标记<ol>、列表项目标记<li>和 type 属性。基本格式如下：

```
<ol type="#">
<li>项目一</li>
<li>项目二</li>
<li>项目三</li>
</ol>
```

</li>可以省略不写。项目前的编号由 type 来确定，type 的值主要有五种：1（数字）、A（大写英文字母）、a（小写英文字母）、I（大写罗马字母）、i（小写罗马字母）。默认情况下，使用数字序号作为列表项的开始。

4.4.2　无序列表

在无序列表中，各个列表项之间没有顺序级别之分，它通常使用一个项目符号作为每个列表项的前缀。无序列表主要使用无序列表标记<ul>、列表项目标记<li>和 type 属性。基本格式如下：

```
<ul type="#">
<li>项目一</li>
<li>项目二</li>
<li>项目三</li>
```

```
</ul>
```

type 的值有三种：disk（实心圆）、square（小正方形）、circle（空心圆）。

4.4.3　定义列表标记

定义列表是一种两个层次的列表，用于解释名词的定义，名词为第一层次，解释为第二层次，并且不包含项目符号。定义列表也称为字典列表，因为它与字典具有相同的格式。在定义列表中，每个列表项带有一个缩进的定义字段，就好像字典对文字进行解释一样。

基本格式如下：

<dl> <dt>名词一<dd>解释一 <dt>名词二<dd>解释二 <dt>名词三<dd>解释三……</dl>

语法解释：在定义列表中，使用<dl>作为定义列表的声明，使用<dt>作为名词的标题，<dd>用来解释名词。

4.4.4　综合使用列表标记编写网页

【例4.4】在编辑器中输入文件 ex4-4.html（见电子素材库）的代码，代码清单如下：

```
<html>
<head>
<meta http-equiv="Content-Type" content="text/html; charset=gb2312" />
<title>列表标记学习</title>
</head>

<body>
有序列表测试：
<ol type="a">
<li>指南针</li>
<li>火药</li>
<li>造纸术</li>
<li>印刷术</li>
</ol>
无序列表测试：
<ul type="circle">
<li>指南针</li>
<li>火药</li>
<li>造纸术</li>
<li>印刷术</li>
</ul>
定义列表：
<dl>
```

```
<dt>Dreamweaver<dd>用于对网页进行整体布局和设计
    <dt>Fireworks<dd>绘制和优化网页中所用到的图像
    <dt>Flash<dd>制作动画
    </dl>
</body>
</html>
```

显示效果如图 4.3 所示。

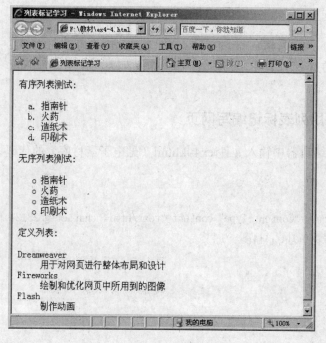

图 4.3　ex4-4.html 运行结果

4.5　超链接标记

4.5.1　使用超链接标记链接到网页外部

在 HTML 中，通过标记<a>…</a>来加入超链接，<a>和</a>之间的部分称为超链接源，也就是鼠标所单击的区域，通常以文字或图片作为超链接源。超链接的基本格式如下：

　　<a href="url" target="#">图片或文字</a>

其中：href 属性是设置链接目标的地址，其值可以是本机上的文件路径、网络上的文件地址或 E-mail 地址等。target 属性是设置显示链接目标的位置，可以取值为_blank（新的空白窗口）、_parent（父窗口）、self（本窗口）、top（顶部）、框架的名称。例如：

　　<a href="1.html" target="_blank">这是本地链接</a>

　说明：单击链接可在新的窗口中打开同级目录下的文件 1.html。

<a href="http://www.sina.com.cn ">单击进入新浪网</a>

　说明：链接到新浪网。

90

<a href="mailto:xx@sina.com.cn">发邮件给我</a>

说明：此为电子邮件链接。

4.5.2 使用超链接标记链接到网页的指定位置

如果要链接到页面的指定位置，可以分两步操作，首先在要链接到的指定位置建立一个书签，格式如下：

<a name="书签名">此地建立一个书签</a>

做好书签后可以用以下方法来指定它：

<a href="#书签名">单击链接到指定的书签位置</a>

注意这时书签名称前要加一个"#"符号。

4.6 插入各种对象标记

4.6.1 插入音频和视频对象标记

在网页中加入音乐和视频等多媒体文件可以通过以下方法来实现。

1. 使用<embed>标记

格式如下：

<embed scr="url" width=# height=# autostart=# loop=# hidden=#></embed>

属性说明如下：

src：设置嵌入文件的 URL，可播放的媒体文件格式主要有 AVI、WAV。

height：设置嵌入对象的高度。

width：设置嵌入对象的宽度。

autostart：用于设置是否自动开始播放，若设置为 true，则网页启动后自动播放媒体文件；若设置为 false，则不会自动播放。默认值为 true。

loop：用于设置循环播放的次数。若设置为 true，则循环播放；若设置为 false，则仅播放一次。默认值为 true。

hidden：用于设置是否显示控制播放面板。若设置为 true，则不显示控制面板；若设置为 false，则显示控制面板。默认值为 false。

例如，若要在打开网页时自动播放当前目录下的 ed.avi 动画，则实现的代码如下：

<embed src="ed.avi" width=200 height=200 autostart=true></embed>

2. 使用<bgsound>标记实现播放背景音乐

若想在浏览网页的同时播放背景音乐，可使用<bgsound>标记来实现，该标记一般放在文档的<head>与</head>之间。使用格式如下：

<bgsound src=url loop=#>

例如，打开网页后自动循环播放当前目录下的 aa.mp3 音乐，则实现的代码如下：

<bgsound src="aa.mp3" loop=-1>

4.6.2 插入图片对象标记

图片对象标记格式为<img>…</img>，结束标记可以省略。基本属性如下：

Src：图片的位置。

Width：设置图片的宽度。

Height：设置图片的高度。

Alt：图片说明文字。

Border：设置图片边框，默认值为 0。

Align：设置对齐方式，取值可为 top、middle、bottom、left、right。

Hspace：设置图片左右边沿空白。

Vspace：设置图片上下边沿空白。

例如，在网页中插入图片 pic.jpg，要求图片边框为 2，当光标移图片上方时，光标旁边会显示文字"这是图片文字说明"，实现代码如下：

```
<img src="pic.jpg" width=200 border=2 alt="这是图片文字说明">
```

4.7 表格处理标记

表格由 <table> 标签来定义。每个表格均有若干行（由 <tr> 标签定义），每行被分割为若干单元格（由 <td>或<th> 标签定义）。字母 td 指表格数据（table data），即数据单元格的内容。数据单元格可以包含文本、图片、列表、段落、表单、水平线、表格等。其基本结构如下：

```
<table>              <!--定义表格的开始-->
<caption>表格标题<caption>   <!--定义表格的标题-->
<tr>                 <!--定义表格的行-->
<td>第一行第一列</td>   <!--定义表格的单元格-->
<td 第一行第二列></td>
</tr>                     <!--行的结束-->
<tr>
<td>第二行第一列</td>
<td 第二行第二列></td>
</tr>
</table>
```

以上是定义了一个两行两列的表格。

4.7.1 表格标记

表格标记格式为<table>…</table>，其基本属性如下：

Border：设置表格边框的宽度，值为"0"时，表格边框不可见。

Width：设置表格的宽度。

Height：设置表格的高度。

Cellspacing：设置单元格的间距。

Cellpadding：设置单元格中数据与边框的距离。

Bgcolor：设置表格背景颜色。

Background：设置表格背景图片。

Align：设置表格对齐方式，可以取值为 left、center 和 right。

Cols：设置表格的列数。

Rows：设置表格的行数。

4.7.2　表格的标题标记

表格标题标记格式如下：

`<caption>…</caption>`

效果为标题居中显示。

4.7.3　表格的行标记

行标记的格式如下：

`<tr>单元格标记</tr>`

使用行标记只定义了空行，还需要定义单元格。基本属性如下：

Align：设置整行中单元格内容对齐方式。

Bgcolor：设置行的背景颜色

4.7.4　单元格标记和表头标记

单元格标记格式为`<td>…</td>`，表头标记格式为`<th>…</th>`，它们的不同只是`<th>`所标示单元格中的文字以粗体字且居中显示，基本属性如下：

Width：设置单元格的宽度。

Height：设置单元格的高度。

Align：设置单元格中内容的水平对齐方式。

Valign：设置单元格中内容的垂直对齐方式，可以取值 top、middle、bottom。

Bgcolor：设置单元格的背景颜色。

Colspan：设置单元格所占的列数。

Rowspan：设置单元格所占的行数。

4.7.5　使用表格标记编写网页

【例 4.5】在编辑器中输入文件 **ex4-5.html**（见电子素材库）的代码，代码清单如下：

```
<html>
<head>
<title>表格学习</title>
</head>
<body>
<table width="300" border="1" cellspacing="0" cellpadding="2">
  <caption>
    学生信息表
  </caption>
```

```
    <tr bgcolor="#cccccc">
      <th >学号</th>
      <th>姓名 </th>
      <th colspan="2" >联系方式</th>
    </tr>
    <tr>
      <td>201001</td>
      <td>吕傅</td>
      <td>合肥市经开区</td>
      <td>1332512</td>
    </tr>
    <tr>
      <td>201002</td>
      <td>张倩</td>
      <td>铜陵市郊区</td>
      <td>2121211</td>
    </tr>
    <tr>
      <td>201003</td>
      <td>王小海</td>
      <td>淮北市杜集区</td>
      <td>2525251</td>
    </tr>
  </table>
</body>
</html>
```

显示效果如图 4.4 所示。

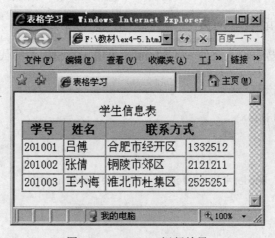

图 4.4　ex4-5.html 运行结果

4.8 框架标记

框架将浏览器窗口分成多个区域，每个区域可以单独显示一个 HTML 文件，各个区域也可相关联地显示一个内容，比如可以将索引放在一个区域，文件内容显示在另一个区域。

框架的基本结构如下：

```
<html>
<head>
<title>…</title>
</head>
<frameset>
<frame src=" ">
<frame src=" ">
…
</frameset>
</html>
```

1. frameset 框架集标记

该标记用于定义一个框架结构，常属性如下：

Rows：设置多重框架的高度。

Cols：设置多重框架的宽度。

例如：<frameset cols="100,150">，cols="100，150"就是把浏览器垂直分割成两部分，分别占 100 像素和 150 像素。再如：<framset rows="20%，30%，*">是把浏览器水平分割成三部分，分别占窗口大小的 20%、30%及剩余的部分。

2. frame 框架标记

该标记用于说明每一个位于框架集中的框架，常用的属性如下：

Name：设置框架窗口的名字。

Src：设置所要载入的 HTML 文件名称。

Scrolling：设置框架窗口是否使用滚动条，取值为 yes、no 和 auto。

Frameborder：设置窗口的边框，值为 0 或 1，表示没有边框和有边框。

Noresize：设置是否能够调整窗口的大小，取值为 yes 或 no。

【例 4.6】将浏览器窗口横向分割为上下两个窗口，然后再将下边的窗口纵向分割成两个窗口，如图 4.5 所示。

页面实现代码如下（文件保存为：ex4-6.html（见电子素材库））：

```
<html>
<head>
<title>框架学习</title>
</head>
<frameset rows="30%，*">
```

```
  <frame name="s1" src="top.html">
  <frameset cols="200，*">
    <frame name="s2" src="left.html">
  <frame name="s3" src="main.html">
  </frameset>
</frameset>
</html>
```

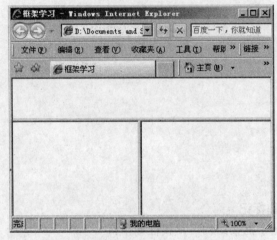

图 4.5　ex4-6.html 运行结果

4.9　表单标记

表单是实现用户与 Web 服务器进行信息交互的主要途径，现在的动态网页中表单是必不可少的。

4.9.1　表单定义

在网页中使用表单时，首先要定义一个表单，然后再向该表单中插入文本框、单选按钮等表单控件。定义表单的标记为 form，其格式如下：

```
<form  name="*" method="post|post" action="URL">
   …
</form>
```

常用属性说明如下：

Name：设置表单的名称。

Method：设置表单提交数据的方法，取值为 get 或 post。

Action：设置表单的处理程序，一般为服务器端脚本语言所编写的程序。

4.9.2　在网页中添加单行文本框和密码框

添加单行文本框和密码框的格式如下：

```
<input name=#  type=#  value=#  size=#  maxlength=#  value=#>
```
常用属性说明如下：

Name：设置文本框或密码框的名称。

Type：值为 text 时，代表是文本框；值为 password 时，代表是密码框。

Value：文本框或密码框中的默认值。

Size：文本框或密码框的长度。

Maxlength：文本框或密码框的最大长度。

4.9.3 在网页中添加文本域控件

其标记格式如下：

```
<textarea  name=#  rows=#  cols=#>…</textarea>
```
常用属性说明如下：

Name：文本域的名称。

Rows：该文本域显示的行数。

Cols：该文本域显示的宽度。

代码行中"…"代表文本域中显示默认的内容

4.9.4 在网页中添加提交和重置按钮控件

提交按钮的标记格式如下：

```
<input type=submit name=# value=#>
```
重置按钮的标记格式如下：

```
<input type=reset name=# value=#>
```
常用属性说明如下：

Name：设置提交或重置按钮的名称

Value：代表按钮上显示的文本

4.9.5 在网页中添加单选按钮与复选框

单选按钮标记格式如下：

```
<input  type=radio name=#  [checked]>
```
复选按钮标记格式如下：

```
<input  type=checkbox name=#  [checked]>
```
常用属性说明如下：

Name：单选按钮或复选框的名称。

Checked：加入此项代表单选按钮或复选框默认情况下是选中状态。

注意：一组单选按钮或复选框的名称必须相同。

4.9.6 在网页中添加列表框

列表框可以提供一些事先设置的候选选项供用户选择，其格式如下：

```
<select  name=#  size=#  multiple>
```

```
<option   value="列表项值 1" [selected]>列表项文本 1</option>
<option   value="列表项值 2" [selected]>列表项文本 2</option>
…
</select>
```

说明：

Size：用于设置列表框的高度，若设为 1 或不设置，则为下拉式列表；若设置值太于或等于 2，则为滚动式列表框。

Multiple：可选项，如加入此项，则表示用键盘 Ctrl 或 Shift 键配合鼠标可实现多选。

<option>和</option>：用于定义具体的列表项。

Value：用于设置该列表项代表的值。

Selected 可选项，用于指定的默认选项。

【例 4.7】编写如图 4.6 所示的表单页面，文件保存为 ex4-7.html（见电子素材库）。

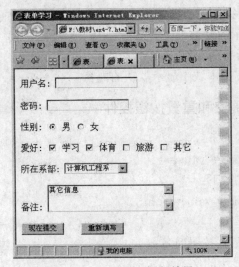

图 4.6   ex4-7.html 运行结果

实现代码如下：

```
<html>
<head>
<meta http-equiv="Content-Type" content="text/html; charset=gb2312" />
<title>表单学习</title>
</head>
<body>
<form name="xxb" method="post" action="1.asp">
  用户名：
<input name="user" type="text" size="20" maxlength="30"><P>

  密码：
    <input name="pwd" type="text" size="20"><P>
```

性别：

    \<input name="xb" type="radio" value="nan" checked>

    男

    \<input type="radio" name="xb" value="nu">

    女\<P>

爱好：

    \<input name="ah" type="checkbox" value="1" checked>

    学习

    \<input name="ah" type="checkbox" value="2" checked>

    体育

    \<input name="ah" type="checkbox" value="3">

    旅游

    \<input name="ah" type="checkbox" value="4">

    其他\<P>

所在系部：

    \<select name="szxb" id="szxb">

      \<option value="1">计算机工程系\</option>

      \<option value="2">电子工程信息系\</option>

      \<option value="3">艺术系\</option>

      \<option value="4">机电工程系\</option>

    \</select>

\<p>

备注：

    \<textarea name="textarea" cols="30" rows="3">其他信息

\</textarea>\<p>

    \<input name="tj" type="submit" value="现在提交">

    \ \

    \<input name="cz" type="reset" value="重新填写">

\</form>

\</body>

\</html>

本 章 小 结

本章首先介绍了 HTML 概况及 HTML 文档基本结构标记，然后着重介绍了文本格式标记、列表标记、超链接标记、插入各种各种对象标记、表格处理标记、框架标记和表单标记。并通过一些实例讲解，加深了用户对 HTML 标记的使用。

实训　　HTML 基本标记的应用

一、实训目的

（1）了解 HTML 标记的应用。
（2）掌握 HTML 的基本标记。
（3）掌握利用 HTML 标记编写基本页面。

二、实训要求

（1）能够正确利用 HTML 标记语言建立页面。
（2）掌握 HTML 文本、图片、超链、表格、框架及表单标记的应用。

三、实训内容

（1）准备工作：在 D 盘或其他盘符下新建一个站点文件夹，命名为 Web，然后将给定的素材复制到当前文件夹中。在 Dreamweaver 中新建一站点。

（2）建立名称为 test.html（见电子素材库）的 HTML 页面，效果如图 4.7 所示。页面功能要求如下：

① 页面标题为"基本标记测试"。

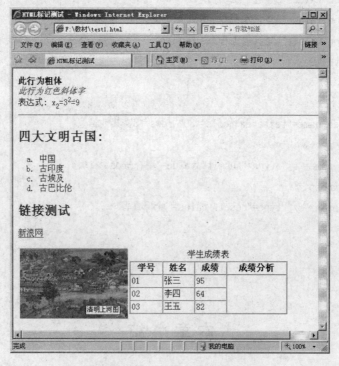

图 4.7　基本标记测试页面的效果

② 页面中的"四大文明古国"、"链接测试"均为 2 级标题文字。

③ 单击"新浪网"文字时要求，要求在新的浏览器窗口中打开新浪网主页（新浪网域名为：sina.com.cn）。

④ 图片名称为 02.jpg（见电子素材库），存放在站点文件夹的 images 文件夹下。当光标移动图片上时，光标旁边会显示文字"清明上河图"。

⑤ 页面中表格的边框为 1px，单元格边距为 2px。

（3）建立名称为 test2.html（见电子素材库）的框架集页面，效果如图 4.8 所示。页面功能如下：

① 浏览器首先分成上中下三个部分，分别占 20%、60%、40%。上面框架载入的文件为 top.html，最下面的框架载入的文件为 foot.html。

② 再将中间的框架分成左右两个部分，分别占 30% 和 70%，它们载入的文件分别是 left.html、main.html。

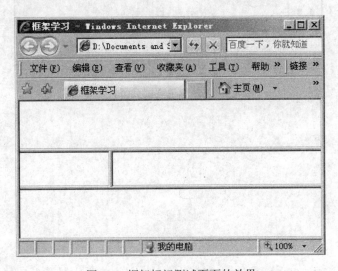

图 4.8　框架标记测试页面的效果

（4）建立名称为 test3.html（见电子素材库）的表单页面，效果如图 4.9 所示。页面功能如下：

① 页面标题为"表单学习"。

② 表单用 POST 方法提交给页面 chk.asp 进行处理。

③ "用户名"为单行文本框，宽 20 个字符，最多能填写 30 个字符。

④ "性别"为单选按钮，传递的值分别为"男"和"女"，第一个按钮为默认选中。

⑤ "怎么得知本网站的"为复选按钮，传递的值分别为 1、2、3、4。

⑥ "教育水平"为滚动式列表框，列表中的内容是"初中及以下"、"高中"、"大专"、"本科"、"硕士及以上"。

⑦ 留言为多行文本框，大小为 3 行 30 列，默认内容为"说两句"。

⑧ "提交"和"清空"按钮分别完成提交表单功能和重置表单功能。

（5）实训总结与分析。

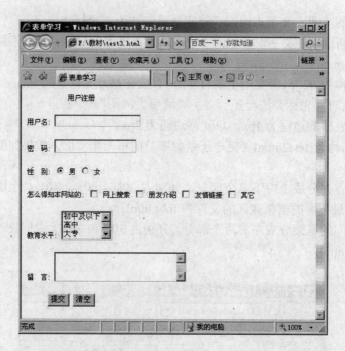

图 4.9　表单标记测试页面的效果

102

第5章 页面设计

【教学目标】

熟悉网页的常用布局方法；重点掌握使用表格和框架布局页面的方法与技巧。

5.1 网页的版面布局

设计网页的第一步是设计版面布局。就像传统的报刊杂志编辑一样，将网页看作一张报纸或一本杂志来进行排版布局。版面指的是浏览器看到的完整的一个页面（可以包含框架和层）。布局，就是以最适合浏览的方式将图片和文字排放在页面的不同位置。

1. 确定页面尺寸

网页设计在初始时要界定出网页的尺寸大小。页面的大小主要根据显示器的分辨率来确定，目前一般选 800 像素×600 像素或 1024 像素×768 像素，相应页面的宽度一般为 778 像素以内或 1002 像素以内，高度则视版面和内容而定。

2. 版面的布局模式

版面布局和网站的内容、风格紧密相关，设计版面实际上是艺术创意设计过程。常见的布局模式如下：

（1）"T"结构布局。所谓"T"结构，就是指页面顶部为横条网站标志+广告条，下方左面为主菜单，右面显示内容的布局，因为菜单条背景较深，整体效果类似英文字母"T"，所以称为"T"形布局。这是网页设计中用的最广泛的一种布局方式，如图 5.1（a）所示。

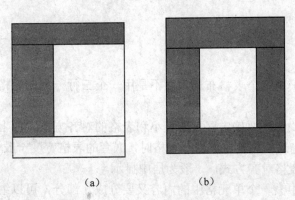

（a）　　　　　　　　　　（b）

图 5.1 "T"形布局和"口"形布局

这种布局的优点是页面结构清晰，主次分明，是初学者最容易上手的布局方法。缺点是规矩呆板，如果细节色彩上不注意，很容易让人"看之无味"。

（2）"口"形布局。这是一个象形的说法，就是页面一般上下各有一个广告条，左面是主菜单，右面放友情连接等，中间是主要内容，如图5.1（b）所示。

这种布局的优点是充分利用版面，信息量大。缺点是页面拥挤，不够灵活。也有将四边空出，只用中间的窗口型设计。

（3）"三"形布局。这种布局多用于国外站点，国内用的不多。特点是页面上横向两条色块，将页面整体分割为四部分，色块中大多放广告条。

（4）对称对比布局。顾名思义，采取左右或者上下对称的布局，一半深色，一半浅色，一般用于设计型站点。优点是视觉冲击力强，缺点是将两部分有机地结合比较困难。

（5）POP布局。POP引自广告术语，就是指页面布局像一张宣传海报，以一张精美图片作为页面的设计中心。优点显而易见:漂亮吸引人。缺点就是速度慢。作为版面布局还是值得借鉴的。

以上是目前网络上常见的布局，其实还有许许多多别具一格的布局，关键在于用户的创意和设计了。

5.2　表　格　布　局

使用表格是最常用的网页布局方法，它可以将网页元素按各种格式排列。使用表格布局时一般要掌握以下几点。

（1）分析网页结构。首先要对所要做的网页进行分析，先看看总体的结构，能分出几大部分来，每部分都用一个表格。例如下面是一个上中下结构的网页，分为top、center、bottom 3大部分，分成3个表格来做。

```
<table width="770">
    <!---top--->
</table>
<table width="770">
    <!--center---->
</talbe>
<table width="770">
    <!---bottom-->
</table>
```

上述网页结构采用三个表格布局，而不是用一个三行一列的表格，这样有利于网页下载的速度。

（2）分析好结构后，要确定网页的大小和表格的对齐方式。如上述网页，表格的宽度均为770像素，当这些表格中再嵌套表格时，嵌套的表格宽度一般设为100%。确定页面整体布局结构的表格对齐方式，一般为居中显示。

（3）如果表格中某一个单元格中的内容又要分成几部分，可以继续在这个单元格中插入表格（即嵌套表格）。为方便各个布局单元格的控制，可以多使用表格的嵌套，尽量少使用单元格的拆分、合并。

（4）表格的边框一般设为0，元素之间的距离可能通过单元格边距和间距进行调整。

104

【例 5.1】使用表格进行如图 5.2 所示的网页布局（见电子素材库）。

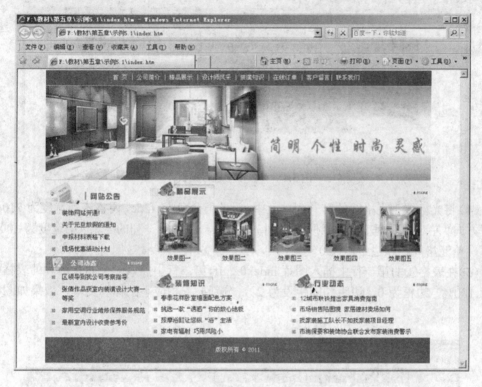

图 5.2　效果图

分析：如图示页面可看成是上中下结构的，上面部分用两行一列表格布局，中间部分用一行两列的表格布局，下面的用一行一列的表格布局。页面的大小定为 780px，也就是上面三个表格的宽度均为 780px。

（1）新建站点文件夹，把指定素材文件夹 images（见电子素材库）复制到该文件夹下，新建一页面 index.html，进行页面属性设置，将页面文字大小设为 12px，顶边距和左边距设为 0。

（2）依次插入一个两行一列（表格①）、一个一行两列（表格②）和一个一行一列（表格③）的三个表格，表格宽度均为 780px，表格边框、单元格边距和间距均设为 0，表格对齐方式为"居中对齐"，如图 5.3 所示。

图 5.3　插入三个表格

（3）将表格①的第一行高度设为 30px，背景颜色设为#036533，水平对齐方式为"居中对齐"，分别输入相应文本，在第二行里插入图片 bn.jpg，效果如图 5.4 所示。

105

图 5.4 对表格①进行编辑

（4）将光标置于表格②的第一列单元中，设置背景色#dcf2dc，调整该列宽度为 210px，水平方向"左对齐"，垂直方向"顶端"对齐，插入一个两行一列的表格④，宽度为 100%，边框、单元格间距和边距均为 0。

（5）在表格④的第一行中插入图片 index02.gif，第二行中插入一个四行两列的表格（宽度为 100%，边框为 0，边距和间距设为 2），分别插入相应小图标和文本，效果如图 5.5 所示。

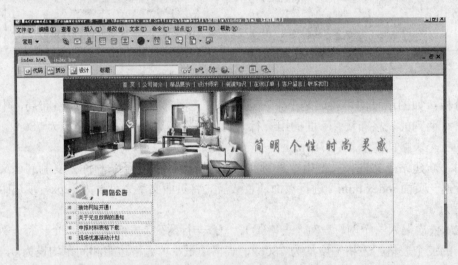

图 5.5 对表格④第一列进行编辑

（6）将光标置于表格④的右边，插入一个两行一列的表格⑤，宽度为 100%，边框、单元格间距和边距均为 0。在第一行中插入一个一行三列的表格，分别插入小图标和文本，在第二行中插入一个四行两列的表格（单元格边距和间距均设为 2，用于调整文字之间的行距），分别插入相应图标和文本，效果如图 5.6 所示。

（7）将光标置于表格②的第二列中，设置单元格属性，水平方向"左对齐"，垂直方向"顶端"对齐，插入一个两行一列的表格⑥，表格的背景图片为 index05.gif。在表格⑥的第一行中插入一个一行三列的表格，分别在第一个单元格中和第三个单元格中插入图片 index04.gif 和 more.gif。

106

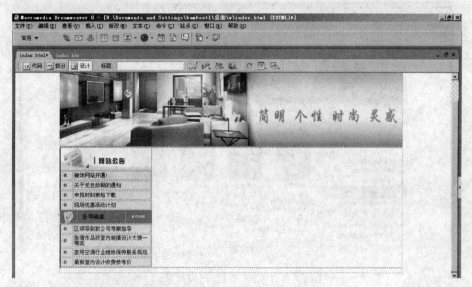

图 5.6 对表格⑤第一列进行编辑

（8）在表格⑥的第二行中先插入一个一行一列表格，宽度为 100%，用于控制元素之间的距离，把光标置于此表格右边，再插入一个两行五列的表格，宽度设为 100%，单元格均设为水平居中显示，分别插入图片和文本，图片宽、高分别设为 80px 和 85px，效果如图 5.7 所示。

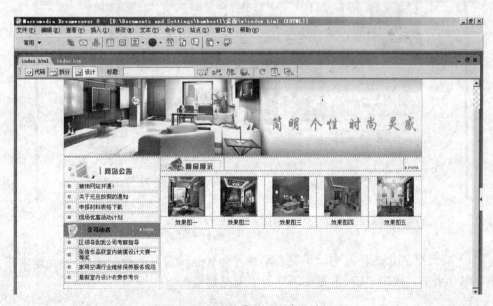

图 5.7 对表格⑥第二列进行编辑

（9）将光标置于表格⑥的右边，插入一个一行两列的表格⑦，拖动表格⑦中间的虚线，使左右两边的单元格宽度一样，将光标置于左边单元格中，插入一个两行一列表格⑧，宽度为 98%，分别在此两行中嵌入相关表格，插入图片和文本，得到效果如图 5.8 所示。

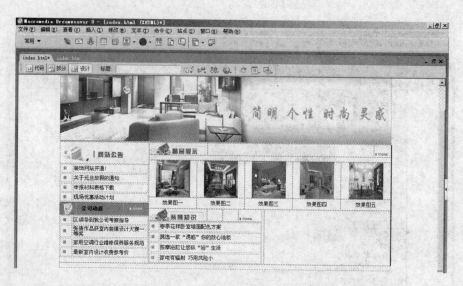

图 5.8　对表格⑦第二列进行编辑

（10）选中表格⑧，单击Ctrl+C复制，将光标置于表格⑦的第二列单元格中，单击Ctrl+C粘贴，改变相关图片和文字，可得到如图5.9所示效果。

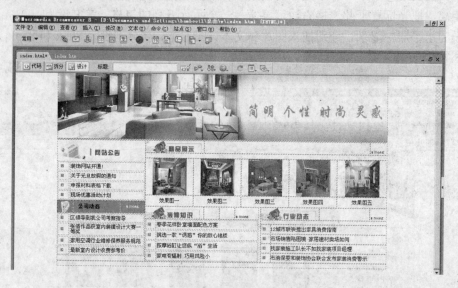

图 5.9　对表格⑧第二列进行编辑

（11）将光标置于表格③中，设置表格高度为50px，背景颜色为#036533，输入相关文本。保存页面，单击"F12"键在浏览器中浏览效果。

5.3　使用布局模式布局

使用表格布局，往往给人一种过于整齐的排列效果，而使用 Dreamweaver 提供的"布局模式"，则可以使网页中的元素快速、灵活地定位。

在"插入"工具栏中单击"布局"按钮，进入布局模式，如图5.10所示。

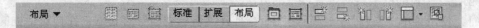

图5.10 "布局"工具栏

1. 绘制布局表格

单击绘制"布局表格"图标按钮 ，光标变成加号，把光标放在页面布局表格的起始位置处，单击并拖动，就可绘制一个布局表格。布局单元格的边框为绿色，它们可以重叠。

布局表格的"属性"面板如图5.11所示，宽度设为"固定"时，表格宽度不会根据插入的布局单元格或内容发生变化。布局表格的宽、高、填充、间距都可以设置。

图5.11 布局表格"属性"面板

2. 绘制布局单元格

单击绘制"布局单元格"图标按钮，光标就会变成加号，把光标放在布局单元格开始的位置，单击并拖动，就绘制了一个布局单元格。按住Ctrl键可以创建多个单元格。布局单元格边框默认为蓝色，里面可以加入内容。

当在布局表格外绘制布局单元格时，系统会自动为其加上布局表格，并增加必要的表格单元格，增加的单元格中不能加入网页内容。

5.4 使用框架布局

5.4.1 框架概述

框架把浏览器划分成几个区域，每区域内可以分别载入不同的文件内容。使用框架可以使页面的结构更加合理、清晰而丰富多彩。当一个区域中的内容发生变化时，其他窗口中的内容不受影响，但这些网页的内容之间一般会有相互的关联。

框架集是HTML文件，它定义一组框架的布局和属性，包括框架的数目、框架的大小和位置，以及在每个框架中初始显示页面的URL。

每个框架网页都是由框架集和框架组成的。

【例5.2】图5.12所示为使用框架布局的页面（见电子素材库"index.html"文件）。窗口被分成三个部分，上面一部分固定，单击左边部分的超链接，右边会发生相应的变化。该网页运行时，浏览器实际上同时载入4个网页文件，其中3个文件为各自区域的网页内容，另外一个是定义框架窗口、控制网页内容的框架集页面。

5.4.2 框架集网页

1. 创建一个框架集网页

在插入框架之前，先要执行"查看"—"可视化助理"—"框架边框"菜单命令，使得框架边框在文档窗口中可见。

创建一个新的框架集网页有以下的方法。

（1）使用菜单"文件"—"新建"命令打开"新建文档"对话框，在该对话框的左边选择"框架集"，右边选择想要的框架集样式。如果要创建图 5.12 所示的框架页面，选择"上方固定，左侧嵌套"，单击"创建"按钮即可，如图 5.13 所示。

图 5.12　框架页面效果图

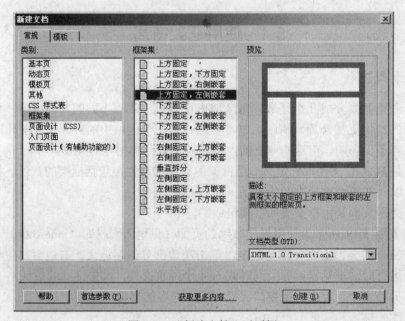

图 5.13　"新建文档"对话框

（2）新建一个文档，把光标定位文档中，选择"插入"—"HTML"—"框架"菜单中列出的一个预定义框架集。

110

（3）新建一个文档，将"插入"工具栏设为"布局"模式，单击右边的"框架"按键组图标，选择一种所需样式即可。

2. 保存框架集

使用菜单"文件"—"框架集另存为"命令，可单独保存框架集网页。

光标定位在某一框架里，使用菜单"文件"—"保存框架"或"框架另存为"命令，可单独保存框架页面。

若保存与框架集相关联的所有文件，操作方法如下：

选择"文件"—"保存全部"菜单命令，该命令将保存框架集和在框架集中打开的所有文档。如果该框架集和框架中打开的文档未被保存过，则接照先保存框架集，再按框架由右到左、由下到上的保存顺序，依次在文档窗口的框架集或框架的周围出现粗边框来指定当前要保存的框架，同时出现"另存为"对话框，如图 5.14 所示。

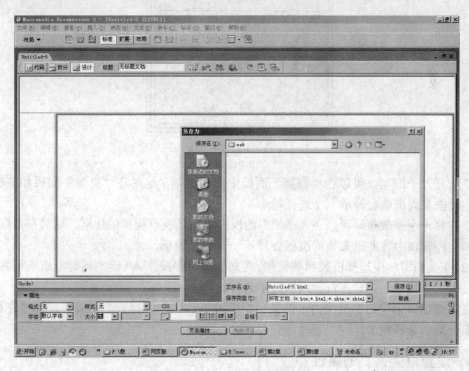

图 5.14　保存框架及框架集

3. 编辑框架结构

（1）将光标指针放在两个框架间的边框上，当指针变双向箭头时，拖动边框到新位置，然后释放鼠标键，可改变框架的大小。

（2）如果要以水平或垂直方式拆分一个框架或一组框架，可在文档窗口将框架边框从窗口边缘拖入中间。

（3）如果要拆分的框架不靠近文档窗口边缘，可在按住 Alt 键的同时拖动框架边框。

（4）如果要将一个框架拆分成四个框架，可将框架边框从文档窗口一角拖入框架的中间。

（5）拖动框架边框到父框架的边框上，可删除框架。

4. 父框架和子框

实际上定义一个框架只能把网页沿水平或垂直方向分成几个区域，而要实现复杂的网页结构，就要进行框架的嵌套。

图 5.14 所示的框架就是先分成上下框架，再把下框架分成左右框架，一般把下框架称为左右框架的父框架，则左右框架是下框架的子框架。

5. 选择框架集和框架

（1）在"框架"面板中选择框架和框架集。选择"窗口"—"框架"菜单命令，可显示"框架"面板，如图 5.15 所示。

图 5.15 "框架"面板

要选择一个框架，可以在"框架"面板中单击框架，这时在"框架"面板和文档窗口中，此框架周围就会显示一个选择轮廓。

要选择一个框架集，可以在"框架"面板中单击环绕框架集的边框，这时在"框架"面板和文档窗口中，此框架集周围就会显示一个选择轮廓。

（2）在文档窗口中选择框架和框架集。在文档窗口中按住 Alt 键的同时单击框架内部，可以选择一个框架，这时在框架周围显示选择轮廓。

在文档窗口中单击框架集内部的某一框架边框，可以选择一个框架集，这时在框架集周围会显示选择轮廓。

5.4.3 设置框架网页的属性

框架集网页的边框线、大小等属性可以通过"属性"面板设置，而每一个框架中的网页属性也可以设置。

1. 设置框架集属性

框架集的"属性"面板如图 5.16 所示。

图 5.16 框架集"属性"面板

边框：该属性主要是确定在浏览器中查看文档时在框架周围是否显示边框。显示边框，选择"是"；不显示边框，选择"否"；让用户的浏览器决定是否显示边框，选择"默认"。

边框宽度：指定框架集中所有边框的宽度。

边框颜色：指定框架集中所有边框的颜色。

在"行列选择范围"右边的图示区选择一个行或列，可设置其宽度或高度值。单位有像素、百分比或相对。相对指当前框架行（或列）相对于其他行（或列）所占的比例。

2. 设置框架属性

选中某个框架，其"属性"面板如图 5.17 所示。

图 5.17　框架"属性"面板

框架名称：是链接的 target 属性或脚本在引用该框架时所用的名称。框架名称必须是单个单词，允许使用"_"，但不允许使用连字符"-"、句号"."和空格。框架名称必须以字母起始，区分大小写。不要使用 JavaScript 中保留字。

源文件：指定在框架中显示的源文档。

滚动：指定在框架中是否显示滚动条。"是"指始终显示滚动条，"否"指始终不显示滚动条，"自动"指只有在浏览器窗口中没有足够区域显示当前框架的完整内容时才显示滚动条，"默认"指采用浏览器的默认值，大多数浏览器默认为"自动"。

不能调整大小：选择此项表示访问者在浏览器中无法通过拖动框架边框在浏览器中调整框架的大小。

边框：设置当前框架是否显示框架边框，值有"是"、"否"和"默认"。此项选择覆盖框架集的设置。注意只有所有相邻的框架此项属性均为"否"时，或父框架集设为"否"，本项设为"默认"，才能取消当前框架的边框。

边框颜色：为所有框架的边框设置边框颜色。此颜色应用于和框架接触的所有边框，并且重写框架集的指定边框颜色。

边界宽度：以像素为单位设置框架边框与内容之间的左、右边距。

边界高度：以像素为单位设置框架边框与内容之间的上、下边距。

5.4.4　框架链接的目标

使用框架网页进行布局最主要的目的是控制不同区域的内容，这些内容可以通过超链接来改变。

在框架网页中选择要设置超链接的文字，在"属性"面板的"目标"中可选择单击此链接时目标网页如何显示，如图 5.18 所示。

_blank：在新的浏览器窗口中打开链接的文档，同时保持当前窗口不变。

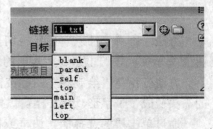

图 5.18　设置链接目标

_parent：在显示链接框架的父框架集中打开链接的文档，同时替换整个框架集。

_self：在当前框架中打开链接，同时替换该框架中的内容。

_top：在当前浏览器窗口中打开链接，同时替换所有框架。

图中 main、left、top 分别是网页中框架的名称，选择一项可指定目标网页所要显示的位置。

5.5 层 的 使 用

5.5.1 在网页中创建层

层（Layer）是一种 HTML 页面元素，可以将它定位在页面上的任意位置。层中可以插入文本、图像、表单和插件等元素。层的出现使网页从二维平面拓展到三维。可以使页面上元素进行重叠和复杂的布局。

在网页中插入层，最常用的有插入、拖放和绘制三种方法，操作方法如下：

方法一：光标置于网页中，选择"插入"—"布局对象"—"层"菜单命令，在光标位置处产生了一个新图层和一个图层标记，如图 5.19 所示。

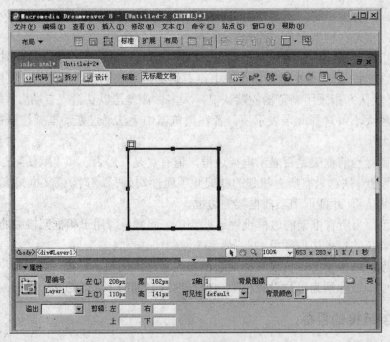

图 5.19 创建层

方法二：将"插入"工具栏切换到"布局"模式，用鼠标直接将"绘制层"图标按钮拖至文档窗口上想要插入层的地方，松开左键即可。

方法三：在"绘制层"图标按钮上按下鼠标左键，当鼠标移至文档窗口时，鼠标的箭头变成了十字形，在文档窗口拖动鼠标就可以画出一个层了。

通过单击层的选择柄、边框或在"层"面板中单击该层的名称，即可选中层。层的"属性"面板如图 5.20 所示。

114

图 5.20   层"属性"面板

层编号：为层命名。每个层都必须有它自己唯一的名称。

宽和高：指定层的宽度和高度。

Z 轴：使用编号设置有多个层相互叠加时的上下排列顺序，值可以为正，可以为负，编号较大的层出现在编号较小的层前面。

可见性：指定该层最初是否可见。有 4 个选项：default，不指定可见性属性；inherit，即继承父层的可见性属性，大多数浏览器默认此选项；visible，显示层的内容，而忽略父层的属性值；hidden，隐藏层的内容，而忽略父层的属性值。

背景图像和背景颜色：指定层的背景图像和背景颜色。

溢出：控制当层的内容超过层的指定大小时如何在浏览器中显示层内容。有 4 个选项：visible，指定在层中显示额外的内容；hidden，指定不在浏览中显示额外的内容；scroll，指定浏览器应在层上添加滚动条，而不管是否需要滚动条；auto，使浏览器仅在需要时才显示层的滚动条。

剪辑：定义层的可见区域。输入的数字以像素为单位的可见区域与层左上角之间的距离。

5.5.2   层的叠加和嵌套

1. 层的叠加

网页中的多个层可重叠，图 5.21 所示为 3 个内容不同的层重叠时的效果（所用图片见电子素材库）。

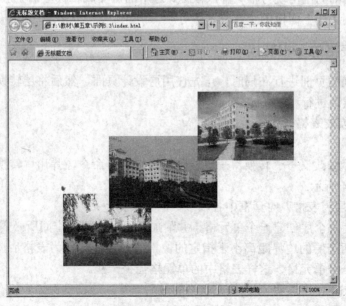

图 5.21   层叠加效果图

115

使用菜单"窗口"—"层"命令打开"层"面板，如图 5.22 所示，要实现层的叠加，要把选项"防止重叠"前的勾号去掉。

双击层面板中层的名称，可修改层的名称。

单击 Z 下面的层编号，可修改 Z 轴值，按照 Z 轴值的大小，层会自动上移或下移。

单击层列表中"眼睛"下面的地方，可循环改变层的可见性。可见性为默认和继承时不显示， 代表层可见， 代表层隐藏。

2. 层的嵌套

层的嵌套就是在父层内添加新的子层，嵌套的级别是不受限制的，常通过"层"面板实现层的嵌套。在层面板上可以清晰地看到层的嵌套关系，如图 5.23 所示。

图 5.22 "层"面板

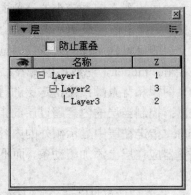

图 5.23 层嵌套

在一个已有的层中绘制新层时，按住 Alt 键可绘制现有层的嵌套，不按住 Alt 键绘制的是两个重叠层。

在"层"面板中选择一个层，然后按住 Ctrl 键将选中的层拖到要嵌入的目标层上方，当在目标层名称的周围出现方框时释放鼠标，选中的层变成目标层的子层。要取消嵌套，只需将子层拖到"层"面板的空白位置即可。

5.5.3 层与表格的互相转换

在对不规则的页面进行布局时，可先使用层设计页面，然后将层转换成表格。也可将表格转换成层，进行精确的定位。

1. 将层转换成表格

步骤如下：

（1）选择"修改"—"转换"—"层到表格"菜单命令，弹出"转换层为表格"对话框，如图 5.24 所示。

（2）"转换层为表格"对话框中各项参数的含义如下：

最精确：为每个层创建一个单元格，并附加保留层之间的空间所必需的单元格。

最小：若两个层的边界距离小于指定的像素值，则在转换为表格后，将两个层的空白部分合并成一个单元格，这样表格中的单元格会少一些。

使用透明 GIF：用透明 GIF 填充表格的最后一行，这将确保该表格在所有的浏览器中以相同的列宽显示。

116

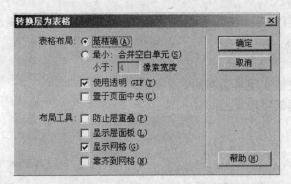

图 5.24 "转换层为表格"对话框

置于页面中央：将结果表放置在页面的中央。如果禁用此选项，表将在页面的左边缘开始。

2. 将表格转换成层

步骤如下：

（1）选中要转换为层的表格，使用"修改"—"转换"—"表格到层"命令，打开"转换表格为层"对话框，如图 5.25 所示。

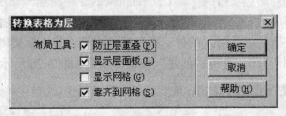

图 5.25 "转换表格为层"对话框

（2）"转换表格为层"对话框中各项参数的含义如下：

防止层重叠：确定生成的层在以后的移动中是否重叠。

显示层面板：是否显示层面板。

显示网格和靠齐到网格：是否使用网格以帮助确定层的位置。

注意：在网页中表格被转换为层时，每个单元格生成一个层，空的单元格不会生成一个层，表格外的内容也会置于一个层中。

本 章 小 结

本章先介绍了网页的版面布局，然后分别介绍了使用表格、表格布局模式、框架和层布局网页的方法。使用表格布局是这一章的核心，也是现在网页布局最常采用的方法。

实训　页面布局

一、实验目的

（1）了解网页的版面布局。

（2）掌握布局页面。

二、实训要求

（1）掌握使用表格实现页面布局。

（2）熟悉使用框架实现页面布局。

三、实训内容

实训（一）

（1）准备工作：在 D 盘下新建一个站点文件夹，命名为 Web1，将电子素材库中"ex1"文件夹中的素材复制到站点文件夹下。在 Dreamweaver 中新建一站点。

（2）新建一页面，保存为 index.html，按照图 5.2 的样式使用表格进行页面布局。具体步骤详见 5.2 节。

（3）实训总结与分析。

实训（二）

（1）准备工作：在 D 盘下新建一个站点文件夹，命名为 Web2，将电子素材库中"ex2"文件夹中的素材复制到站点文件夹下。在 Dreamweaver 中新建一站点。

（2）利用框架布局图 5.12 所示页面。先打开 Dreamweaver，选择"文件"—"新建"菜单，打开"新建文档"对话框，在对话框左侧类别里选择"框架集"，右侧框架集里选择"上方固定，左侧嵌套"，单击"创建"按钮即新建如图 5.26 所示页面。

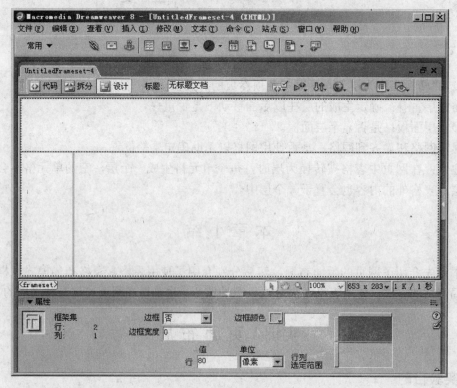

图 5.26 新建框架集页面

（3）选择菜单"文件"—"保存全部"命令，将依次保存框架集文件、右侧框架、左侧框架、顶部框架文件，保存文件名依次为 index.html、main.html、left.html、top.html。

（4）按住 Alt 键同时单击顶部框架，在属性面板里将框架名称命名为"top"，用同样方法把左侧框架和右侧框架分别命名为"left"、"main"。

（5）把光标置于顶部框架中，单击"属性"面板中的"页面属性"按钮，设置背景颜色为#0099FF，然后单击"确定"按钮。在顶部框架中输入文本"安徽旅游名胜"，加粗，文字大小为 40px，即得如图 5.27 所示效果。

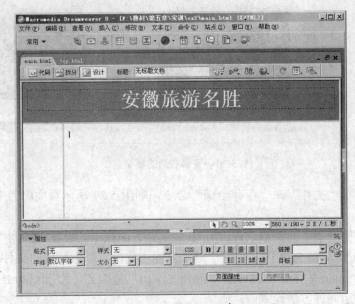

图 5.27　编辑顶部框架

（6）把光标置于左侧框架中，设置页面属性，背景色为#D2E9FF，文字大小为 14px。输入相关文本，并把中间的边框线拖到合适的位置，如图 5.28 所示。

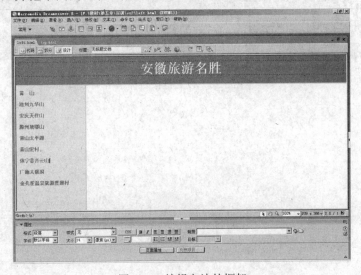

图 5.28　编辑左边的框架

（7）将光标置于右侧框架中，插入相关图片和文本，如图 5.29 所示。

图 5.29　编辑右边的框架

（8）选择菜单"文件"—"保存全部"命令，则图 5.29 所示页面即为 index.html 默认页面。

（9）选中左侧框架中的文本"黄山"，在"属性"面板中，设置链接到"main.html"，目标选择"main"，如图 5.30 所示。这样单击左侧"黄山"时，链接的文件 main.html 就显示在右侧框架 main 中了。同理设置"池州九华山"链接文件为 jhs.html，目标也选择 main，其他链接用同样方法设置。

（10）保存文件，按 F12 浏览，查看效果。

（11）实训总结与分析。

图 5.30　设置链接目标

第6章　CSS样式风格设计

【教学目标】

掌握应用 CSS 样式使一个页面更为美观的方法和技巧。

对于一个网页，既要注重实用性也要注重美观性。CSS 是网页设计中众多样式的集成，使用 CSS 可以使页面风格统一化和标准化。CSS 提供的链接功能可以让所有的网页使用同一种样式，在需要改变页面的风格时，只需要改变 CSS 文件中对样式进行的注释内容就可以了。本章将介绍关于 CSS 的基本语法和功能、"CSS 样式"面板的使用、应用 CSS 样式的方法、插入样式表的方法、CSS 样式的属性设置以及样式表的优先顺序等内容。

6.1　CSS 基 础

随着网络的普及以及网页技术的日趋成熟，人们对网页的要求已经不只是满足于在网络上发布信息。人们开始对网页的排版、格式和设计有了越来越高的要求，使用 CSS 定义的网页风格可以控制 HTML 标志的一些诸如字体、边框、颜色与背景等属性，也可以通过定义外部风格文件实现整个网站页面风格的统一。

6.1.1　CSS 样式表概述

1. 什么是 CSS

CSS 英文全称是 Cascading Style Sheets，中文全称为层叠样式表，人们多称为样式表或简称 CSS 样式。

网页设计最初是用 HTML 标记来定义页面文档及格式，如标题\<h1\>、段落\<p\>、表格\<table\>等。但这些标记不能满足更多文档样式的需求。为了解决这个问题，在 1996 年底诞生了一种称为样式表（Style Sheets）的技术，全称为层叠样式表。它用于控制 Web 页面内容的外观，以便用户在站点的多个页面中创建一致的样式风格。CSS 应用非常灵活，并不局限于文本对象，对于文本、图像、层等可以定义样式和格式化样式。

2. CSS 作用

HTML 只定义了网页的结构和各个标记的功能，不能控制网页的格式和外观，CSS 技术通过将定义结构的部分和定义格式的部分分离，即将网页的外观设定信息从网页内容中独立出来，存成独立的样式文件，集中管理。这样就可以让多个网页文件共同使用它，省去了大量重复设置的麻烦。特别是当要更新这种风格样式时，只需修改这个 CSS 文件中相应的行，整个网站的所有页面都会随之发生相应的改变。

在页面中使用 CSS，不仅可以重新定义 HTML 原有的样式，如文字的大小、颜色等，还加入了上/下标文字、区块变化等多项新属性。

使用 CSS 可以轻松地控制页面的布局，实现对网页中各种元素的准确定位和精确控制，可以控制许多使用 HTML 无法控制的属性，使页面美观而又具有个性化。

3. CSS 的语法规则

在网页中使用了 CSS 样式之后，在代码视图中可以查看 CSS 语法，最简单的方法就是从<head>中寻找<style>标记，凡是包含在<style></style>标记之间的部分，就是定义的 CSS 样式。

CSS 样式设置规则由两部分组成：选择器和声明。选择器是标识样式元素的术语（如 P、H1、类名或 ID），声明用于定义元素的样式。例如：

```
Style1{
    font-size:36pixels;
    font-wight:bold;
    font-color:red;
}
```

上例中，Style1 是选择器，介于{}之间的所有内容都是声明。每个声明都由两部分组成：属性（如 font-size）和值（如 36pixels），如图 6.1 所示。

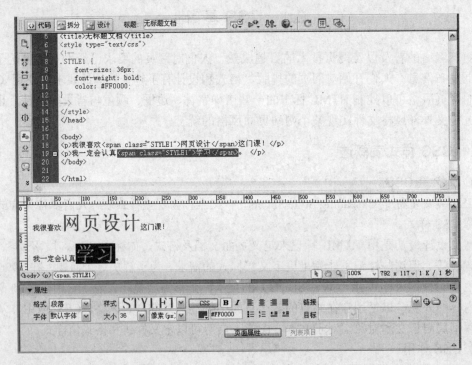

图 6.1　样式应用

从代码视图中可以找到给"学习"两个字指定样式"STYLE1"的代码如下：

```
<span class="STYLE1">学习</span>
```

CSS 术语中的 cascading 表示向同一个元素应用多种样式的能力。例如，可以创建一个 CSS 规则来应用颜色，创建另一个 CSS 规则来应用边距，然后将两者应用于页面上的同一个文本。所定义的样式向下"层叠"到 Web 页面上的元素，并最终创建用户想要的设计效果。

6.1.2　CSS 样式面板

默认状态下"CSS 样式"面板为显示状态。如果未显示，可选择"窗口"—"CSS 样式"菜单命令，或单击"属性"面板上的"CSS"按钮。"CSS 样式"面板中包含两种模式：正在模式和全部模式，如图 6.2 所示。

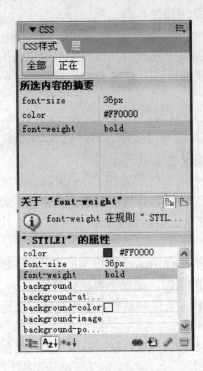
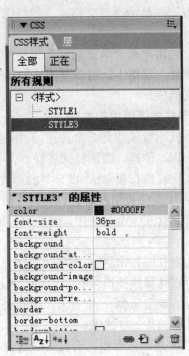

图 6.2　"CSS 样式"面板正在模式和全部模式

1. 正在模式下的"CSS 样式"面板

默认状态下，CSS 样式选择的是"正在"模式。在该模式下，"CSS 样式"面板显示了三个窗格："所选内容的摘要"窗格、"规则"窗格和"属性"窗格，如图 6.2 所示。各窗格的含义如下。

所选内容的摘要：显示活动文档中当前工作所选内容 CSS 属性的摘要，且仅显示已设置的属性。如果两个样式都应用于所选的内容，那么此窗格中将按逐级细化的顺序把所应用的属性排列出来。

规则：根据用户的选择显示两个不同的视图："关于视图"和"规则视图"。"关于视图"为默认视图，它显示定义所选 CSS 属性的规则名称，以及包含该规则的文件名称。在"规则视图"中，显示的是直接或间接应用于当前所选内容的所用规则的层叠（层次结构）。用户可以通过"规则"窗格右上角的两个按钮和，在这两种视图之间进行切换。

属性：在"所选内容的摘要"窗格中选择某个属性时，定义规则的所有属性就会出现在"属性"窗格中。默认情况下，此窗格会按字母顺序排列已设置的属性，并以蓝色显示。由于某种原因未应用到所选内容的属性会出现删除线，将鼠标指针置于删除线上时，会显示一条解释未应用该属性原因的信息。

2. 全部模式下的"CSS 样式"面板

在全部模式下，CSS 样式面板显示为两个窗格："所有规则"窗格和"属性"窗格，如图 6.2 所示。

各窗格的含义如下。

所有规则：显示当前文档定义的规则以及附加到当前文档的样式表中定义的所有规则的列表。

属性：当用户从"所有规则"窗格中选择某个规则时，该规则中定义的所有属性都出现在"属性"窗格中。可以使用该窗格快速编辑修改 CSS 样式，所做的任何更改会立即应用在文档中。

3. CSS 样式面板中的按钮

CSS 样式面板底部有 7 个按钮，利用这些按钮可以实现以不同的类别显示 CSS 样式，或者进行编辑、创建、删除样式等操作。各按钮功能如下。

显示类别视图按钮 ≣：以分类的形式显示所有可用属性。Dreamweaver 支持的 CSS 属性被划分为 8 个类别：字体、背景、区块、边框、方框、列表、定位或扩展。每个类别的属性都包含在一个列表中，用户可以通过单击类别名称旁边的加号（+）按钮展开或折叠它。

显示列表视图按钮 ᴬᶻ↓：按字母顺序显示 Dreamweaver 支持的所有 CSS 属性。

只显示设计属性按钮 ＊＊↓：只显示已设置的属性，此视图为默认视图。

附加样式表按钮 ●：会打开"链接外部样式表"对话框，供用户选择要链接到或导入当前文档中的外部样式表。

新建 CSS 规则按钮 ：会打开"新建 CSS 样式"对话框，供用户选择要创建的样式类型。

编辑样式按钮 ✎：会打开"CSS 规则定义"对话框，供用户编辑修改当前文档或外部样式表中的样式。

删除 CSS 规则按钮 ：删除面板中所选择的规则或属性，并从应用该规则的所用元素中删除格式。

6.2 CSS 样式的创建和管理

6.2.1 设置 CSS 样式类别及使用范围

在 Dreamweaver 中，用户可以创建自己的 CSS 样式表来自动格式化 HTML 标记和文本范围。打开"CSS 样式"面板，并单击面板右下角的"新建 CSS 规则"按钮 ，弹出"新建 CSS 规则"对话框，这是在新建 CSS 规则前先要完成的工作，即设置 CSS 样式类别及使用范围，如图 6.3 所示。

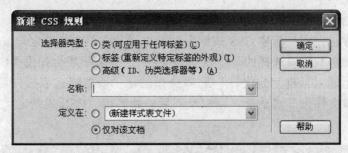

图 6.3 "新建 CSS 规则"对话框

对话框中各选项含义如下。

（1）选择器类型：该单选按钮选项组用于选择要定制的样式类型，各选项含义如下。

① 类：创建可作为 class 属性应用于文本范围或文本块的自定义样式。

② 标签（重新定义特定标签的外观）：重定义特定 HTML 标签的默认格式设置。

③ 高级（ID、伪类选择器等）：为具体某个标签组合或所有包含 ID 属性的标签定义格式设置。

（2）名称：该下拉列表随"选择器类型"选择的类型不同而变化，有以下几种情况。

① 选择"类"选项：则为"名称"文本框，用于输入自定义样式名称。此类样式名必须以英文句号开头，可以包含任何字母和数字组合，如.style1。如果用户没有以英文句号开头，Dreamweaver 会自动为用户添加。

② 选择"标签"选项：则为"标签"下拉列表，用于输入或从下拉列表中选择一个 HTML 标签。

③ 选择"高级"选项：则为"选择器"下拉列表，用于输入一个或多个 HTML 标签，也可以从下拉列表提供的选择器（称作伪类选择器，包括 a:link、a:visited、a:hover 和 a:active）中选择一个标签。

（3）定义：选项组用于定义样式的使用范围，各选项含义如下。

① 新建样式表文件：定义外部层叠样式表。选择此按钮后单击"确定"按钮，弹出"保存样式表文件为"对话框，要求将样式保存成一个样式文件。

② 仅对该文档：定义只能应用于该文档的样式。

6.2.2　创建 CSS 样式

开始新建一个样式有 5 种方法。

（1）在"属性"面板上的样式下拉列表中选择"管理样式"，在打开的"编辑样式表"对话框中单击"新建"按钮。

（2）使用"文本"—"CSS 样式"—"新建"菜单命令。

（3）使用"文本"—"CSS 样式"—"管理样式"，在打开的"编辑样式表"对话框中单击"新建"按钮。

（4）使用"窗口"—"CSS 样式"菜单命令，打开"设计"面板组中的"CSS 样式"面板，单击下面的新建 CSS 样式按钮。

（5）在编辑窗口中单击右键，在弹出的菜单中选择"CSS 样式"下的"管理样式"

或"新建"选项。

上述 5 种方法都可以打开"新建 CSS 规则"对话框，如图 6.3 所示。

当按以上方法完成"新建 CSS 规则"对话框设置、单击"确定"按钮后，如果上述对话框"定义在"选项选择的是"仅对该文档"，那么随后会弹出"CSS 规则定义"对话框；如果上述对话框"定义在"选项选择的是"新建样式表文件"，那么会先弹出"保存样式表文件为"对话框，完成设置后，才弹出"CSS 规则定义"对话框，如图 6.4 所示。

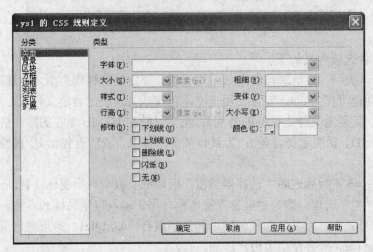

图 6.4　"CSS 规则定义"对话框

对话框将 CSS 的属性分为 8 类，下面分别说明每个分类中各元素的设置内容。

1. 类型

如图 6.3 所示，类型分类中各选项说明如下。

字体：设置样式的字体系列。

大小：定义文本的字体大小。

样式：定义字体样式，选项有"正常"、"斜体"和"偏斜体"。默认设置为"正常"。

行高：设置文本所在行的行高。如果选择"正常"，系统会根据字体大小自动计算行高。也可以选择"值"，由用户输入一个精确的数值来定义行高。

修饰：向文本添加下划线、上划线或删除线，或使文本闪烁。常规文本的默认设置是"无"。链接的默认设置是"下划线"。当将链接的修饰设置为"无"时，下划线被取消。

粗细：指定字体的粗细程序。选项有"正常"、"粗体"、"特粗"、"细体"和数值。

变体：设置字体的变种，即"小型大写字母"。文档窗口无法显示这一属性的效果，只有在 IE 浏览器中能看到。

大小写：设置英文字母的大小写。

颜色：设置文本颜色。

2. 背景

如图 6.5 所示，背景分类中各选项说明如下。

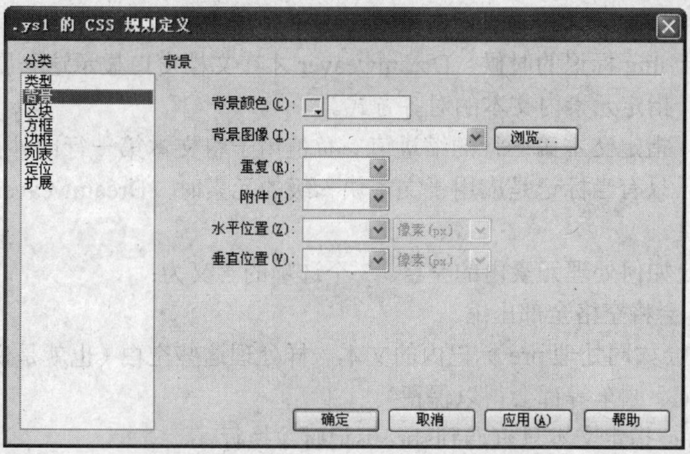

图 6.5　背景部分的选项

背景颜色：设置元素的背景色。

背景图像：设置元素的背景图像。

重复：确定背景图像是否重复和如何重复，包括"不重复"、"重复"、"横向重复"和"纵向重复"4 个选项。

附件：确定背景图像是固定在原始位置，还是随内容进行滚动。

水平位置：指定背景图像相对于元素或文档窗口的初始水平位置。

垂直位置：指定背景图像相对于元素或文档窗口的初始垂直位置。

3. 区块

如图 6.6 所示，区块分类中各选项说明如下。

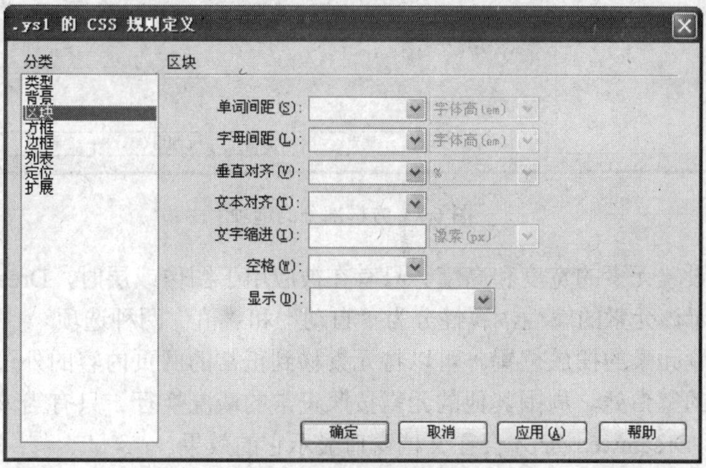

图 6.6　区块部分的选项

单词间距：设置单词的间距，有"正常"和"值"两个选项。

字母间距：设置字符的间距，字符间距由于调整的缘故会覆盖任何额外的空间。

以上两个选项都可以指定负值，但具体显示则取决于浏览器，且都只能在 IE 浏览器中才能看到效果。

127

垂直对齐：指定元素的垂直对齐方式，通常是与它的母元素相比较而言。只有当这一属性是应用于 img 标记的时候，Dreamweaver 才在文档窗口显示这一属性。

文本对齐：指定元素内文本的对齐方式。

文本缩进：指定文本第一行的缩进值。负值用于将文本第一行向外拉，但具体显示取决于浏览器。只有当标记是应用于文本块一级的元素时，Dreamweaver 才会在文档窗口显示这一属性。

空格：指定如何处理元素内的空格。3 个选项的含义为：

(1) 正常：会将空格全部压缩。

(2) 保留：会如同处理 pre 标记内的文本一样处理这些空白（也就是说，所有的空白，包括空格、标记、回车等都会得以保留）。

(3) 不换行：指定文本只有遇到
标记时才换行。

显示：指定是否及如何显示元素。如果选择"无"，将关闭元素显示。

4. 方框

如图 6.7 所示，方框分类中各选项说明如下。

图 6.7 方框部分的选项

宽和高：设置元素的宽度和高度。只有在被应用于图像或层时，Dreamweaver 才会在文档窗口显示该元素的属性，属性分为"自动"和"值"两种选项。

浮动：设置元素的摆放位置。可以将元素移到正常的网页内容的外边，将它放到网页左边或右边的空白处，周围其他的元素按照正常的情况换行。只有当该属性是应用于<img>标记时，Dreamweaver 才会在文档窗口显示它的效果。

清除：指定元素的一侧不允许有层。如果层出现在该侧，具有这一属性的元素就会移到层的下边。只有当这一属性应用于<img>标记的时候，Dreamweaver 才会在文档窗口显示它的效果。

填充：定义元素内容与其边框的间距，如是元素没有边框，就是指与页边界的间距。

边界：定义元素的边框与其他元素之间的距离，如果没有边框，就是指内容之间的距离。只有当这一属性是应用于文本块一级的元素（如段落、列表等）时，Dreamweaver

才会在文档窗口显示它的效果。

5. 边框

如图 6.8 所示，边框分类中各选项说明如下。

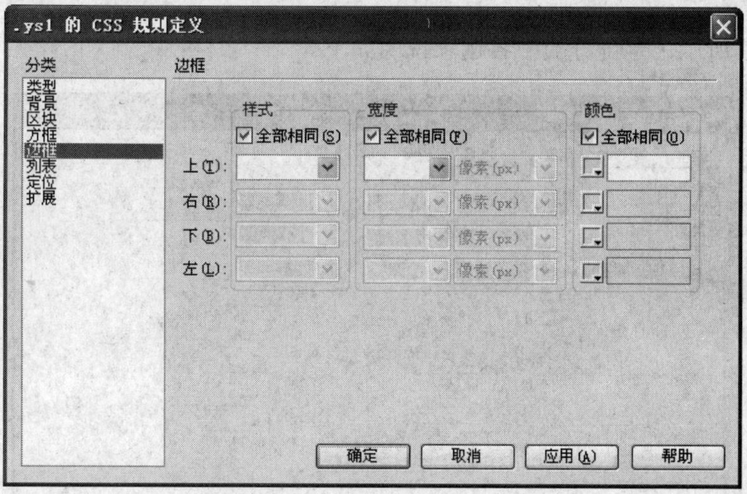

图 6.8　边框部分的选项

样式：设置元素有可见边框的样式，具体显示还要取决于浏览器。共有 **9** 种：无、点划线、虚线、实线、双线、槽状、脊状、凹陷、凸出。

宽度：设置元素边框的宽度。

颜色：设置元素边框的颜色。可以分别对每条边框设置颜色。

6. 列表

如图 6.9 所示，列表分类中各选项说明如下。

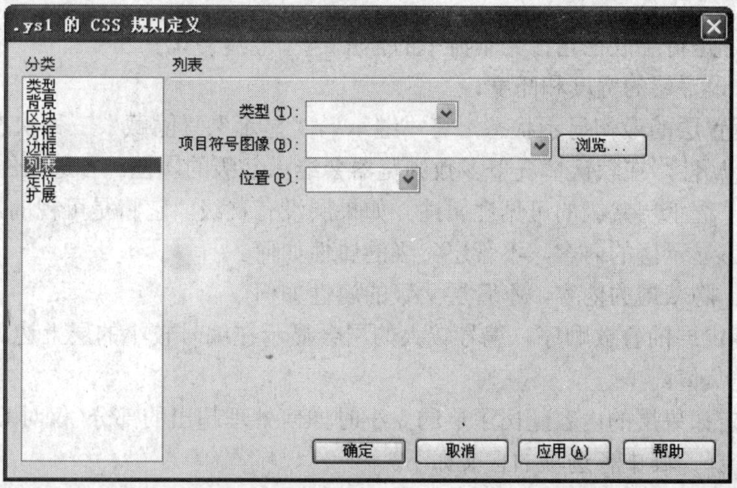

图 6.9　列表部分的选项

类型：设置项目列表或编号列表的外观。

项目符号图像：为项目列表指定一幅自定义图像。单击"浏览"按钮来查找图像，或直接输入图像的路径和文件名。

位置：设置列表项是在文本缩进的哪侧显示。选择"内"时，会在缩进量内显示列表项，否则在缩进量外显示列表项。

7. 定位

如图 6.10 所示，定位分类中各选项说明如下。

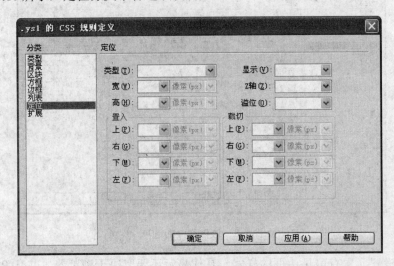

图 6.10　定位部分的选项

类型：设置浏览器定位层的方法，有"绝对"、"相对"、"静态"三种选择。各选项的含义如下。

① 绝对：是相对于页面左上角的坐标来放置层。

② 相对：是相对于文档中对象位置的坐标来放置层。这个选项的效果不会显示在文档窗口中。

③ 静态：是将层放在它在文本流中的位置。

宽和高：设置层的宽度和高度。

显示：设置层的最初显示状态，有"继承"、"显示"、"隐藏"三种状态选择。如果没有指定这一属性，在默认情况下多数浏览器会继承父级的属性。各选项的含义如下。

① 继承：继承层父级的可见性属性。如果层没有父级，它将是可视的。

② 显示：显示层的内容，不管层父级的属性如何。

③ 隐藏：隐藏层的内容，不管层父级的属性如何。

Z轴：确定层的叠放顺序，编号较大的层会显示在编号较小的层上边。值可以是正值，也可以是负值。

溢位：指定如果层的内容超出了层的大小时如何处理超出的部分（仅对 CSS 层有效）。提供了四种选择，其中各选项的含义如下。

① 可见：增加层的大小，从而将层的所有内容显示出来。层的扩大是向下和向右进行的。

② 隐藏：保持层的大小不变，将超出层的内容剪掉。不提供滚动条。

③ 滚动：不管层的内容是否超出了层，都给层添加一个滚动条。Dreamweaver 不在

130

文档窗口显示这一属性，而且只在支持滚动条的浏览器中发挥作用。

④ 自动：只有在内容超出层的边界时才显示滚动条。

置入：指定层的位置。浏览器如何定位层的位置，取决于上面"类型"的设置。

裁切：定义层的可视部分。

8. 扩展

如图 6.11 所示，扩展分类中各选项说明如下。

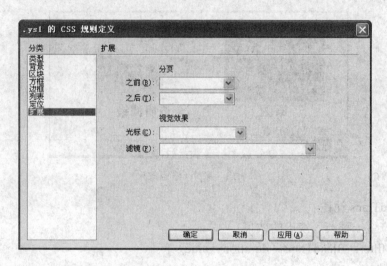

图 6.11　扩展部分的选项

分页：在打印的时候强行在样式控制的对象之前或之后换页。

光标：指定当指针滑过样式控制的对象时改变指针的图像。CSS 提供了 13 种光标形状可供选择。

滤镜：对样式控制的对象应用特殊显示效果，包括"模糊"和"反转"等。可以从弹出菜单中选择一种特效。

CSS 滤镜属性作为 CSS 样式的一个新扩展，能把可视化的滤镜和转换效果添加到一个标准的 HTML 元素上。在 Dreamweaver 中可以直接在对话框添加滤镜的参数，而不用写代码。CSS 提供了大量可以产生艺术效果的滤镜，滤镜大多数需要自己添加参数值。下面就简单介绍各滤镜的用法。

1）Alpha 滤镜

功能：把一个目标元素与背景混合，设计者可以指定数值来控制混合的程度。通俗地说就是一个元素的透明度。通过指定坐标、线、面的透明度。

语法：{filter：alpha（opacity=opacity，finishopacity=finishopacity，style=style，startx=startx，starty=starty，finishx=finishx，finishy=finishy）}

参数说明：

opacity：代表透明度的程度。默认的范围为 0～100。0 代表完全透明，100 代表完全不透明。

finishopacity：是一个可选参数，如果要设置渐变的透明效果，就可以使用它来指定结束时的透明度。范围也是 0～100。

style：指定了透明区域的形状特征。其中 0 代表统一形状、1 代表线形、2 代表放射状、3 代表长方形。

startx 和 starty：代表渐变透明效果开始时的 x 和 y 坐标。

finishx 和 finishy：代表渐变透明效果结束时的 x 和 y 坐标。

例如：设置滤镜 filter：Alpha（opacity=70，finishopcity=30，style=2，startx=70，starty=60，finishx=90，finishy=80），在图像上的应用效果如图 6.12 所示。

图 6.12　Alpha 滤镜效果

2）BlendTrans 滤镜

功能：产生一种淡入淡出的效果。

语法：{filter：BlendTrans（duration=value）}

参数说明：

duration：代表变换时间。

3）Blur 滤镜

功能：使对象产生模糊效果。

语法：{filter：blur（add=add，direction=direction，strength=strength）}

参数说明：

add：指定图片是否被改变成模糊效果。值为 true 或 false。

direction：用来设置模糊的方向。模糊效果是按顺时针方向进行的，0 度代表垂直向上，每 45° 为一个单位，默认值是向左 270°。

strength：代表有多少个像素的宽度将受到模糊影响。只能用整数来指定，默认是 5 个。

例如：设置滤镜{filter：blur（add=true，direction=135，strength=20）}，在图像上的应用效果如图 6.13 所示。

图 6.13　Blur 滤镜效果

4）Chroma 滤镜

功能：设置一个对象中指定的颜色为透明色。

语法：{filter：Chroma（color=color）}

参数说明：

color：指要透明的颜色。如用 Chroma 滤镜过滤掉红色，就用 color=red。

5）DropShadow 滤镜

功能：给对象添加阴影效果。

语法：{filter：DropShadow（color=color，offx=offx，offy=offy，positive=positive）}

参数说明：

color：代表投射阴影的颜色。

offx 和 offy：分别是 x 方向和 y 方向阴影的偏移量。

positive：是一个布尔值。如果为 true（非 0）时，为任何的非透明像素建立可见的投影；如果为 false（0）时，为透明的像素部分建立可见的投影。

6）FlipH，FlipV 滤镜

功能：分别将对象水平翻转和垂直翻转，没有参数。

语法：{filter：fliph}/{filter：flipv}

例如：设置滤镜 filter：fliph 和 filter：flipv，在图像上的应用效果如图 6.14 所示。

图 6.14　FlipH 和 FlipV 滤镜效果

7）Glow 滤镜

功能：使对象的边缘产生类似发光的效果。

语法：{filter：glow（color=color，strength=strength）}

参数说明：

color：用来指定发光的颜色。

strength：用来指定发光的强度。强度值用 1～255 之间的整数表示。

8）Gray，Invert，Xray 滤镜

功能：Gray 滤镜是把一张图片变成灰度图；Invert 滤镜是把对象的可视化属性全部翻转，包括色彩、饱和度和亮度值；Xray 滤镜是让对象反映出它的轮廓并把这些轮廓加亮，也就是所谓的 X 光片效果。这 3 个滤镜都没有参数。

语法：{filter：Gray}，{filter：Invert}，{filter：Xray}

例如：在图片上应用这三种滤镜后的效果如图 6.15 所示。

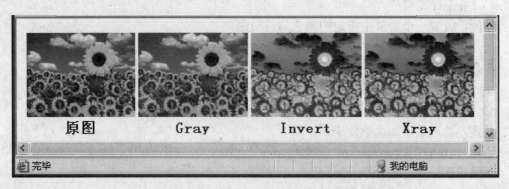

图 6.15　Gray、Invert、Xray 滤镜效果

9）Light 滤镜

功能：可以模拟光源的投射效果。

语法：{filter：light}

一旦为对象定义了 Light 滤镜属性，那么就可以调用它的方法来设置或者改变属性。可用的方法有：

addAmbient：加入包围的光源。

addCone：加入锥形光源。

addPoint：加入点光源。

changcolor：改变光的颜色。

changstrength：改变光源的强度。

clear：清除所有的光源。

moveLight：移动光源。

可以在参数中定义光源的虚拟位置，以及通过调整 x 轴和 y 轴的数值来控制光源焦点的位置，还可以调整光源的形式（点光源或锥形光源），指定光源是否模糊边界、光源的颜色、亮度等属性。如果利用 JavaScript 脚本动态地设置光源，可能会产生一些意想不到的效果。

10）Mask 滤镜

功能：可以为对象建立一个覆盖于表面的膜，其效果就像戴着有色眼镜看物体一样。

语法：{filter：mask（color=color）}

参数说明：

color：设置表面膜的颜色。

11）RevealTrans 滤镜

功能：用它来设置元素显示的动态切换效果。

语法：{filter：revealtrans（duration=value，transition=value）}

参数说明：

duration：代表切换时间，以秒为单位。

transition：代表切换方式，有 24 种方式，见表 6.1。

134

表 6.1　RevealTrans 滤镜切换方式

切换效果	Transition 参数值	切换效果	Transition 参数值
矩形从大至小	0	随机溶解	12
矩形从小至大	1	从上下向中间展开	13
圆形从大至小	2	从中间向上下展开	14
圆形从小至大	3	从两边向中间展开	15
向上推开	4	从中间向两边展开	16
向下推开	5	从右上向左下展开	17
向右推开	6	从右下向左上展开	18
向左推开	7	从左上向右下展开	19
垂直形百叶窗	8	从左下向右上展开	20
水平形百叶窗	9	随机水平细纹	21
水平棋盘	10	随机垂直细纹	22
垂直棋盘	11	随机选取一种特效	23

例：在网页源代码的<head>与</head>之间插入此行代码：

<Meta content="revealTrans（Transition=16，Duration=3.0）" http-equiv="p=Page-enter">

当进入这个页面时，网页将像拉幕一样从中间向两边拉开。

12）Shadow 滤镜

功能：可以在指定的方向建立物体的投影。

语法：{filter：shadow（color=color，direction=direction）}

参数说明：

color：代表投影的颜色。

direction：代表投影的方向，0°代表垂直向上，每45°为一个单位。默认值是向左的270°。

13）Wave 滤镜

功能：把对象按照垂直的波形样式打乱。

语法：{filter：wave（add=add，freq=freq，lightstrength，phase=phase，strength=strength）}

参数说明：

add：表示是否要把对象按照波形样式打乱，默认是 true。

freq：代表波纹的频率，即指定在对象上一共需要产生多少个完整的波纹。

lightstrength：设置对波纹增强光影的效果，范围为 0～100。

phase：设置正弦波的偏移量。

strength：代表波纹的振幅大小。

例如：在图像上设置滤镜{filter：wave（add=true，freq=10，lightstrength=20，phase=10，strength=30）}的效果如图 6.16 所示。

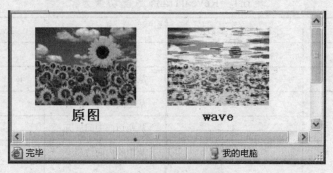

图 6.16　Wave 滤镜效果

6.2.3　管理 CSS 样式

管理 Dreamweaver 中的样式可以有多种方法，通常使用"CSS 样式"面板来进行，如链接或导出外部样式表、新建 CSS 样式、编辑 CSS 样式，或对所选 CSS 样式进行重命名、复制和删除等。

1. 应用自定义的 CSS 样式

三种类型的样式（类、标签、高级），其中"标签"和"高级"这两个类型的样式不需要应用，一旦定义就会把属性自动反映到所选择的对象上，用户立刻可以在文档窗口或浏览器窗口看到样式的效果。但"类"这种用户自定义样式，在定义完成后，并没有改变任何对象的显示。只有对选择对象进行样式的应用，才会使被选择的对象改变显示效果。下面介绍应用自定义 CSS 样式的具体操作步骤。

（1）在文档窗口中，选定要应用样式的对象。可以在文档窗口中直接选择对象，也可以使用窗口底部状态栏的标签选择器来选择对象。

（2）从属性面板的样式列表中选择要应用的样式，如图 6.17 所示。有些样式应用后会立刻在文档窗口中显示出来，有些样式应用后需在 IE 浏览器中才能显示出来。

要想取消文档中某个元素对自定义 CSS 样式的应用，只要在 CSS 样式列表中选择"无"即可。

图 6.17　"样式"下拉列表

2. 附加外部 CSS 样式表

用户可以选用自己文档中的所有样式，也可以选用或链接已存在的样式表并应用到文档中。附加样式表文件就是将 CSS 定义的代码单独保存到一个外部的 CSS 文件中，然后，站点中的每一个网页都调用这个文件，不需要再分别定义，样式表文件的扩展名一般为.css 。下面通过一个例子来介绍附加外部的 CSS 样式表的用法。

例：将站点里 Web01 页面中的 eg1 样式附加到 Web02 页面的文本上。

（1）打开 Web01 页面，单击"CSS 样式"面板下面的"新建 CSS 规则"按钮 ，新建一个样式。"选择器类型"选择"类"，"名称"为"eg1"，"定义在"选择"新建样式表文件"。

（2）单击"确定"按钮，打开"保存样式表文件为"对话框，保存文件为"eg1.css"，如图 6.18 所示。

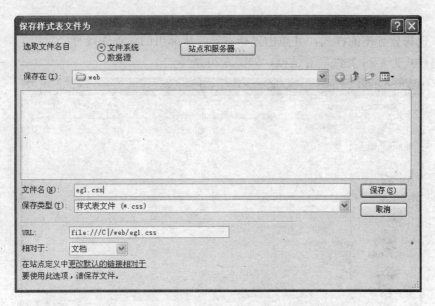

图 6.18 "保存样式表文件为"对话框

（3）单击"保存"按钮，打开"CSS 规则定义（在 eg1.css）"对话框，进行 eg1 样式的 CSS 设置（类型：大小为 36 像素，字体为黑体，颜色为蓝色）。

（4）打开 Web02 页面，单击"CSS 样式"面板下面的"附加样式表"按钮，打开"链接外部样式表"对话框，选择保存的 CSS 文件"eg1.css"，如图 6.19 所示。

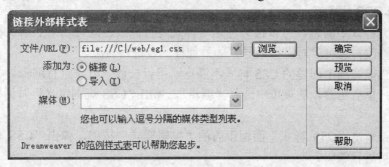

图 6.19 "链接外部样式表"对话框

选择一个样式文件后，单击"预览"按钮可以查看这个样式表中的样式应用到网页中的效果。

在"添加为"中选择"链接"，能够直接链接到外部样式表文件，该文件中的样式被改变时，网页中相应的对象的样式也改变。选择"导入"，将外部样式表文件中定义的所有样式附加到当前网页的头部，以后本网页的样式与外部文件无关。

一个网页中可以附加多个外部样式表文件，如果这些样式表文件重复对一个标签进行不同的定义，则以最后附加的样式为准。

3. 导出外部 CSS 样式表

为了达到样式的共享，可以导出文档中存在的所有样式，也可以在创建 CSS 样式时将"定义在"设置为样式文件的方式。具体操作步骤如下。

（1）打开"CSS样式"面板，切换到"全部"模式。

（2）选择要导出的样式，并单击鼠标右键，从弹出的菜单中选择"导出"命令，出现"导出样式为CSS文件"对话框，如图6.20所示。

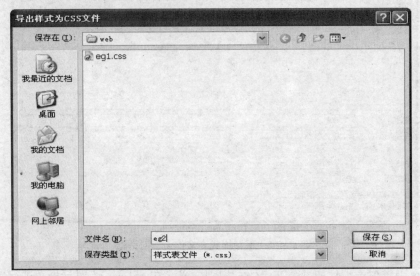

图6.20 "导出样式为CSS文件"对话框

（3）设置样式文件的文件名和文件夹位置，单击"保存"按钮，关闭对话框，完成样式的导出。

4. 编辑CSS样式表

若对已有样式不满意，可以很方便地对样式进行修改。既可以对当前文档中创建的样式表进行修改，也可以对链接或导入的外部样式表进行修改。

（1）对当前文档中创建的CSS样式不满意，可以按以下方法进行编辑。

方法一：单击右键，从菜单中选择"编辑"，弹出"CSS规则定义"对话框，然后进行编辑。

方法二：单击"CSS样式"面板下方的"编辑样式"按钮，弹出"CSS规则定义"对话框，然后进行编辑。

方法三：双击要修改的样式，弹出"CSS规则定义"对话框，然后进行编辑。

编辑完成后，Dreamweaver会立即重新格式化所有该样式表控制的对象。

（2）对外部样式表进行编辑，可以采用下面的两种方法。

方法一：在应用它的文档中进行编辑。Dreamweaver允许用户在文档中编辑从外部附加的CSS样式表，编辑方法与文档中创建的样式的编辑方法一样。只是在进行编辑时，会自动弹出样式表文件的代码窗口。所进行的修改不仅会立即反映到文档窗口，而且也会反映到外部样式表文件中。因此，在编辑完成后还需对该样式文件进行保存。

方法二：直接打开外部样式表文件进行编辑。当一个网站中的样式风格需要更新时，可以选择"文件"—"打开"菜单命令，打开需要更新的样式表文件，直接对其中的样式属性进行编辑，完成后保存并关闭样式表文件。于是，网站中所有应用样式表的内容将全部自动更新。

5. CSS 样式的优先顺序

当将两个或更多的样式应用于同一文本时，这些样式就有可能发生冲突而产生意外的结果。因此，浏览器将根据以下规则应用样式属性。

（1）如果将两种样式应用于同一文本，在没有冲突的情况下，浏览器显示这两种样式的所有属性；在有冲突的情况下（如一种样式将蓝色指定为文本颜色，另一种样式将红色指定为文本颜色），按 CSS 样式的优先规则处理冲突属性。

（2）如果应用于同一文本的两种样式的属性发生冲突，特别说明的属性优先于要继承的属性。如，以下两个样式会同时应用到一段文本中：

Body {color：green}

P {color：yellow}

第二个样式规则特别说明<p>中的文字为黄色显示，但它同时也继承了<body>的绿色规定。由于特别说明了的属性优先于继承的属性，所以<p>标记内的文字呈红色显示。

（3）如果应用于同一文本的两种样式的属性发生冲突，则浏览器根据在代码中的顺序优先显示最里面的样式（代码窗口中离文本本身最近的样式）的属性。

（4）如果样式表中的属性与 HTML 标记中的属性发生冲突，则定义文本最内层的属性优先显示。例如：

如果定义了样式：I{font-family：隶书；}

则<P> <I><FONT FACE="楷体">样式冲突</FONT></I></P>中的"样式冲突"四个字将会以离它最近的"楷体"字体和斜体显示。

如果将上例改为：

<P><FONT FACE="楷体"><I>样式冲突</I></FONT></P>

则"样式冲突"四个字将会以离它最近的<I></I>中定义的"隶书"字体和斜体显示。

6. CSS 样式的删除和重命名

选中要删除的样式，单击面板下部的"删除 CSS 规则"按钮🗑，可删除该样式。

当光标位于选中要删除的样式上时，单击右键，在弹出菜单中可以删除、重命名、复制该样式，选择"转到代码"，编辑窗口自动变为拆分模式，并将光标移到该样式对应的代码开始处。在"属性"面板上的样式列表中也可以重命名样式。

本 章 小 结

本章主要介绍了 CSS 样式表的相关知识，包括什么是 CSS 样式表，如何创建、管理和编辑 CSS 样式，以及使用 CSS 样式表的优先顺序等内容。通过本章的学习可为页面格式的设置提供很大的帮助。

实训　利用 CSS 样式改变页面风格

一、实验目的

（1）了解 CSS 样式的分类。

（2）学会定义和使用 CSS 样式。

二、实训要求

（1）了解各类 CSS 样式的定义方法。
（2）学会各类 CSS 样式的应用方法。
（3）学会使用 CSS 样式面板。

三、实训内容

（1）建立本地站点（略）。
（2）在页面上新建样式并应用这些样式，以实现文本的格式设置。

① 打开文档 Web3.html，单击"CSS 样式"面板下方的"新建 CSS 规则"按钮，打开对话框。在"选择器类型"处选择"类（可应用于任何标签）"，"名称"处输入"css1"，"定义在"处选择"仅对该文档"。单击"确定"按钮。

② 在弹出的"CSS 规则定义"对话框中，进行如图 6.21 所示的样式定义（类型：字体为黑体，大小为 36 像素，颜色为#FF0000；区块：文字对齐为居中）。

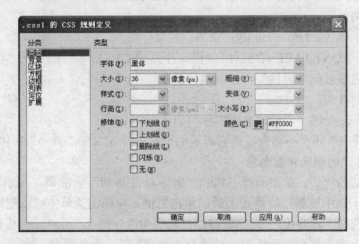

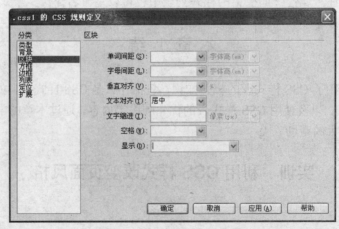

图 6.21　定义 css1 样式的属性

140

③ 用同样的方法定义样式"css2"，定义内容为"类型：字体为楷体，大小为 20 像素，颜色为#2A1FFF，行高为 50 像素，粗细为特粗；区块：文字对齐居中；边框：样式为虚线，颜色为#FFFF00"。

④ 应用已定义的样式。选中第一行标题，在"属性"面板的样式列表中选择"css1"，这时标题已变成所定义的样式。用同样的方法，将正文部分应用"css2"，如图 6.22 所示（见电子素材库）。

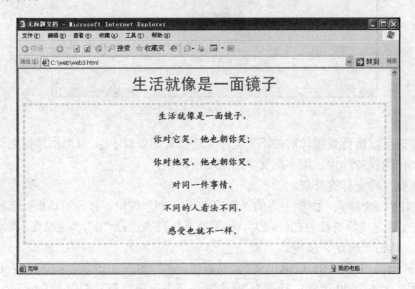

图 6.22　应用样式 css1 和 css2

（3）定义页面背景。

① 在"CSS 样式"面板上新建自定义样式"css3"，在"CSS 规则定义"对话框中，背景样式的设置如图 6.23 所示（背景：重复为不重复，附件为固定，水平位置为居中，垂直位置为居中）。

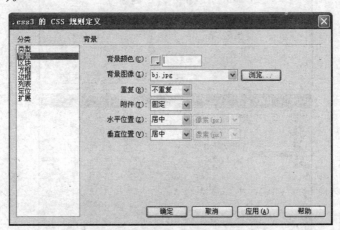

图 6.23　定义 css3 样式的"背景"属性

② 选择文档窗口左下方的<body>标记，然后右击，从下拉列表中选择"设置类 css3"，文档应用样式后的效果如图 6.24 所示。

141

图 6.24 应用 css3 样式

当预览时会发现背景图像居中不重复（所选背景图像较小），且当用鼠标滚动浏览文字时，背景图像保持静止，而不随文字的滚动而滚动。

（4）重定义特定标签外观。

① 单击"CSS 样式"面板下方的"新建 CSS 规则"按钮，打开对话框，选择器类型选择"标签（重定义特殊标签的外观）"，标签处下拉列表选择"li"，"定义在"处选择"仅对该文档"。单击"确定"按钮。

② 在弹出的"li 的 CSS 规则定义"对话框中，进行如图 6.25 所示的样式定义（类型：字体为黑体，大小为 20 像素，行高为 30 像素；列表：项目符号图像为 farm.ico）。

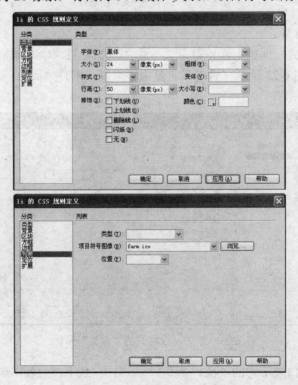

图 6.25 "li 的 CSS 规则定义"对话框

142

（5）单击"确定"按钮。发现页面列表外观发生了变化，效果如图 6.26 所示（见电子素材库）。

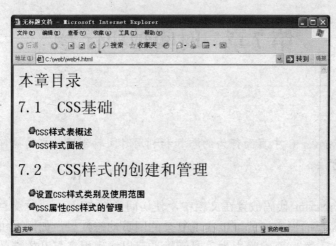

图 6.26 标签 li 样式应用

第7章 时间轴和行为

【教学目标】

掌握 Dreamweaver 8 中页面行为的添加和利用时间轴创建动画的操作；掌握网页模板的建立和应用方法。

行为是将 JavaScript 代码放置在文档中，使访问者与 Web 页进行交互。用户只需在行为面板上进行简单的设定，就可以实现复杂的网页动态效果，如网页拼图效果和改变页面中对象属性等。在网页编辑中加入时间轴，可以实现很多复杂的特效，如页面中浮动的层等都可以用时间轴来实现。时间轴通过在不同的时间改变层的位置、大小、可见性和叠放顺序等来创建动画。使用模板和资源面板可以快速制作风格统一的网站。

7.1 时间轴面板

7.1.1 时间轴面板概述

时间轴是以帧的概念对时间进行划分的。关键帧是动画效果中的标志点，在关键帧上才能调整和编辑对象的状态。关键帧之间的帧属于过渡过程，是不可编辑的。只要确定了关键帧上网页对象的状态，Dreamweaver 就会自动计算过渡过程中网页对象的状态，从而实现动态效果。

使用时间轴面板可以设置各个时间段的显示属性及整个时间轴的播放属性。可以通过"窗口"—"时间轴"菜单命令打开"时间轴"面板，如图 7.1 所示。

图 7.1 "时间轴"面板

"时间轴"面板上各属性含义如下。

时间轴下拉菜单 timeline1 ：在该下拉菜单中选择要控制的时间轴。

重绕 ：使当前帧指示线回到第一帧的位置。

后退 ：使当前帧指示线向左移动一帧。单击该按钮并按住鼠标不放，可以反向播放时间轴。

144

播放 ➡️：使当前帧指示线向右移动一帧。单击该按钮并按住鼠标不放，可以连接播放时间轴。

当前帧数 1 ：显示当前播放或选中的是第几帧。

每秒帧数 Fps 15 ：设置时间轴的播放频率，即每秒播放的帧数。

自动播放 □自动播放：选中此复选框，当页面打开时自动播放时间轴动画。自动播放实际上是给<body>标签加上了"播放时间轴"行为。

循环 □循环：选中此复选框，在页面中循环播放时间轴动画。实际上是在动画最后一帧的下一帧的行为通道中插入了"转到时间轴帧"行为。

行为通道 B ：图中标有"B"的一行横向表格，用来显示时间轴对应帧上附加的某些行为。

帧编号 10 15 ：显示时间轴上帧的编号。

当前帧指示线 ：图中红色的方块，给出当前页面上显示的是时间轴的哪一帧。

动画通道 ：时间轴面板上有32个动画通道，表示同一时间可以进行32路动画设置。

动画条 ◊Layer1 ————◦：时间轴动画通道中的蓝色小条，显示每个动画的持续时间和关键帧的位置。

关键帧 ◦：通过关键帧确定时间轴上某时刻的属性。动画条上的小圆圈就是关键帧。

右击"时间轴"面板会弹出一个快捷菜单，该菜单中包括了所有与时间轴相关的命令。利用菜单中的命令，可以快速地对"时间轴"面板进行相应的操作。

7.1.2 创建时间轴动画

时间轴操作对象包括层和图像，此节就是以对层的操作为例来介绍创建时间轴动画的方法。

1. 通过添加对象创建时间轴动画

用这种方法创建时间轴，就是往动画通道上添加对象，构建动画条，然后构建动画条上的关键帧，并在文档窗口设置对象在关键帧上的位置，从而实现动画的创建。

下面通过一个例子来介绍时间轴动画的制作方法。

（1）在页面中插入层，在层中插入文字或图片等网页元素。

（2）选择"窗口"—"时间轴"菜单命令，打开"时间轴"面板。

（3）选择插入的层，然后选择"修改"—"时间轴"菜单命令，在子菜单中选择"增加对象到时间轴"命令，或者直接将层拖到"时间轴"面板中。将层添加到时间轴后，"时间轴"面板中会出现动画条，如图7.2所示。

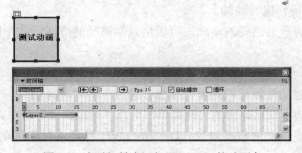

图 7.2 在时间轴上添加层 Layer2 的动画条

（4）单击动画条的最后一帧，将页面中的层拖动到动画结束的位置，同时页面中出现一条灰色的轨迹线，如图 7.3 所示。

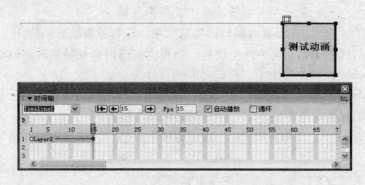

图 7.3　修改最后一帧关键帧中对象的位置

（5）单击并按住"时间轴"面板上的"播放"按钮，即可看到所操作的层沿设置的路线移动。此动画上只有两个关键帧，层作直线运动。

如果需要动画自动播放，选择"自动播放"复选框，如果需要动画持续播放，选择"循环"复选框。

如果想使动画按曲线运动，可以在动画条中非关键帧处添加其他的关键帧，以修改动画轨迹。右键单击动画条的某个位置如第 10 帧，从弹出的快捷菜单中选择"增加关键帧"命令，然后拖动层到适当的位置，生成新的动画轨迹，此时的轨迹就不是直线了，如图 7.4 所示。

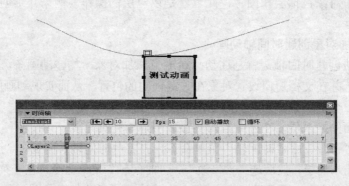

图 7.4　增加关键帧

2. 通过拖动路径创建时间轴

如果要创建具有复杂路径的动画，可以用录制路径的方法创建，比用多次插入关键帧的方法效率高。

下面也是通过一个例子来介绍这种时间轴动画的制作方法。

（1）选择要创建动画效果的对象，选择"修改"—"时间轴"—"录制层路径"菜单命令，或右击层边框，从弹出的快捷菜单中选择"记录路径"命令。

（2）根据需要在页面中移动对象，Dreamweaver 将记录对象移动的路径，如图 7.5 所示。

146

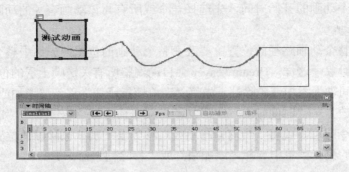

图 7.5　拖动层创建路径

同时在"时间轴"面板中自动生成动画条，如图 7.6 所示。

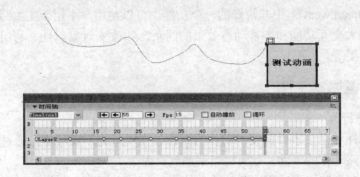

图 7.6　自动添加动画条

（3）在"时间轴"面板上，选择"自动播放"和"循环"复选框，预览动画效果。

3. 创建多条时间轴

虽然一个时间轴可以有 32 个动画条，但相对于使用一条时间轴来控制一个页面上的所有动作来说，使用多条独立的时间轴来控制页面各个不同的部分会方便很多。

（1）添加一条新的时间轴。要添加一条新的时间轴，可以通过选择"修改"—"时间轴"—"添加时间轴"菜单命令，或右击"时间轴"面板，从弹出的快捷菜单中选择"添加时间轴"命令。

（2）删除一条时间轴。在"时间轴"面板上的时间轴下拉列表中选中一条要删除的时间轴，选择"修改"—"时间轴"—"移除时间轴"菜单命令，或右击"时间轴"面板，从弹出的快捷菜单中选择"移除时间轴"命令。

7.1.3　编辑和修改时间轴

创建了时间轴动画后，可以对其进行进一步的修改，如添加或删除帧或者改变动画的开始时间等。

（1）延长动画的播放时间。要延长动画的播放时间，只需向右拖动结束帧标记。这时所有关键帧的位置都会相应向右移动，以保持它们的相对位置不变。

（2）加快或减慢到达关键帧的速度。加快或减慢到达关键帧的速度，通过向左或向右拖动这个关键帧标记来实现。

要改变一个动画的开始时间，先选择一个或所有与该动画有关的动画条，然后将其向左或向右移动。

（3）改变整个动画路径的位置。要改变整个动画的位置，先选中整个动画条，然后拖动页面中的对象，这样，Dreamweaver 会自动调整所有关键帧上层的位置。

（4）在时间轴上添加或删除帧。先将"当前帧指示线"移到要增加或删除帧的位置，然后选择"修改"—"时间轴"—"添加帧"菜单命令或"修改"—"时间轴"—"删除帧"菜单命令即可。或将"当前帧指示线"移到要增加或删除帧的位置，然后右击动画条，从弹出的快捷菜单中选择"添加帧"或"移除帧"命令。

7.2 行 为

行为是 Dreamweaver 中非常好的一个功能，可以使用户不用手工编写代码，就能够制作出具有强大交互功能和丰富动态效果的网页，如改变对象属性、利用拖动图层的行为制作拼图效果等。

7.2.1 行为概述

1. 什么是行为

行为是事件和由该事件触发的动作的组合。在"行为"面板中，通过指定一个动作然后指定触发该动作的事件。行为可以添加到页面中。

事件是指在浏览网页过程中各种状态的变化，如网页调入时的 OnLoad 事件、鼠标单击时的 OnClick 事件等。事件通常由浏览器定义，以指示页面的访问者执行某种操作。

动作由预先编写的一段 JavaScript 脚本代码组成，这些代码执行特定的任务，通过执行这种程序，可以实现很多特殊的网页效果，如弹出对话框、改变状态栏中文字、显示隐藏层等。

将一个动作和一个事件结合在一起就完成了一个行为的过程。如在网页调入的事件中响应一个弹出窗口的动作，其对应的事件为 OnLoad，对应的动作为"弹出浏览器窗口"，经过简单的设定后就可以完成需要的功能，如图 7.7 所示。

图 7.7 "弹出浏览器窗口"行为

2. 事件

每个浏览器都提供一组事件，这些事件与行为面板上的添加行为按钮 中弹出的行为相关联。访问者与页面进行交互时浏览器所产生的事件，可用于调用引起动作发生的JavaScript 函数。

　　Dreamweaver 支持的事件很多，但是并不适用于所有对象，不同的浏览器支持的事件也是不同的，大多数事件只能用于特定的页面元素。

　　表 7.1 列出了 IE 4.0 以上版本的浏览器支持的部分主要事件。

表 7.1　部分事件列表

事件名称	事件作用的对象	事件的作用
onBlur	按钮、链接和文本框等	焦点从当前对象移开时
onFocus	按钮、链接和文本框等	当对象得到输入焦点时
onClick	所有对象	单击对象时
onDbClick	所有对象	双击对象时
onError	图像、页面等	载入图像或页面有错误时
onLoad	图像、页面等	载入对象时
onMouseOver	链接图像和文字等	鼠标指针移入链接文字或图像区域时
onMouseOut	链接图像和文字等	鼠标指针移出链接文字或图像区域时
onSubmit	表单等	表单提交时
onReset	表单等	表单重置时
onSelect	文字段落、选择框等	选中文字段落或选择框内某项时
onUnload	主页面等	离开此页面时
onResize	主窗口、帧窗口等	浏览器窗口大小改变时
onScroll	主窗口、帧窗口、多行文本等	拖动浏览器窗口的滚动条时

　　因为目前大多数计算机都使用 IE6.0 以上的浏览器，所以在添加行为之前先在行为菜单上选择"显示事件"选项，在其子菜单中选择"IE6.0"，可以产生更多的动态效果。

　　3. 行为面板

　　选择"窗口"—"行为"菜单命令，即可打开"行为"面板，如图 7.8 所示。

　　行为面板上各部分的含义如下。

　　添加行为按钮 ✚▾：单击此按钮将弹出可以显示行为的菜单，选择了其中一个行为后菜单会弹出响应的设置对话框。"行为"菜单如图 7.9 所示。

　　删除行为按钮 ━：删除当前选中的行为。

　　显示所有事件按钮 ☰☰：显示所有可用的事件。

　　显示已设置的事件按钮 ☰☰：显示当前对象已设置动作的事件。

　　向上/向下箭头 ▲ ▼：当一个事件被定义多个动作时，可以上移/下移动作的排列顺序。

　　事件更改列表 onLoad ▾：单击此按钮将弹出事件列表，从中进行选择以更换触发动作的事件类型。

图 7.8 "行为"面板   图 7.9 "行为"菜单

7.2.2 添加行为

通过行为面板可以将行为添加到网页元素上，也可以添加给整个网页。

添加行为之前，首先要选中要添加行为的元素，如图片、层等，如果要给整个网页添加行为，则单击编辑窗口下方标签栏的<BODY>标签。

选中对象后，可根据需要选择事件，再单击添加行为按钮，就可以选择要给元素添加的行为，当前不能使用的行为会用灰色显示。也可以在选中对象后，单击添加行为按钮添加行为，系统会根据行为的效果自动选择一种合适的事件，如果要更改事件，可以单击事件更改按钮。

在更改事件按钮右边的行为列上右击，在弹出的菜单中选择"编辑行为"选项可以修改行为，选择"删除行为"，选项可以删除当前的行为。

选择不同的行为会打开不同的设置对话框，以下就分别介绍各种行为。

1. 交换图像

"交换图像"行为用于改变<img>标记的 src 属性，即用另一幅图像代替当前的图像。
"交换图像"对话框如图 7.10 所示，各选项含义如下。

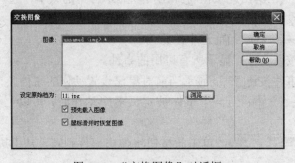

图 7.10 "交换图像"对话框

图像：从列表框中选择要改变源文件的图像。

设定原始档为：在文本框中输入与之交换的新图像的文件名和路径。

预先载入图像：选中它可以将新图像载入到浏览器的缓存中，防止新图像载入时发生延迟。

鼠标滑开时恢复图像：选中它，当鼠标滑开时，图像恢复为它以前的源文件，同时会在行为面板上自动添加"恢复交换图像"行为。

2. 弹出信息

"弹出信息"行为用于弹出一个带有用户指定消息的警告对话框。警告对话框只有一个"确定"按钮，所以这个行为只能为用户提供信息，不能让用户从中选择信息。

"弹出信息"对话框如图 7.11 所示。

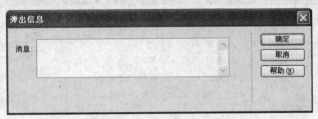

图 7.11 "弹出信息"对话框

消息栏文本框用于输入需要显示的文本信息。可以直接输入文本，也可以对显示的文本添加 JavaScript 函数调用或其他的表达式。如果要插入 JavaScript 语句，需要将语句放在{ }中。

【例 7.1】制作一个显示公告信息的对话框。

（1）在网页中插入一个按钮（如果是表单按钮，要将此按钮的动作设为"无"），按钮文字改为"公告"（见电子素材库）。

（2）选中此按钮，给这个按钮添加"弹出信息"行为。

（3）在弹出对话框的"消息"栏中输入信息"请同学们今天晚上七点钟在 B105 开会。"，按"确定"按钮返回，保存网页。

网页浏览结果如图 7.12 所示。

图 7.12 "弹出公告"对话框

3. 打开浏览器窗口

使用"打开浏览器窗口"行为,可以实现当用户在触发了定义的事件时打开一个新的浏览器窗口,在新的窗口中可以载入指定的 URL 网页。

"打开浏览器窗口"对话框如图 7.13 所示。下面通过一个例子来说明对话框中各选项的含义。

【例 7.2】在网页调入时打开一个浏览器窗口。

(1)选择<body>标签,并在行为面板上选择 onLoad。

(2)单击添加行为按钮,添加"打开浏览器窗口"行为,弹出如图 7.13 所示的对话框。

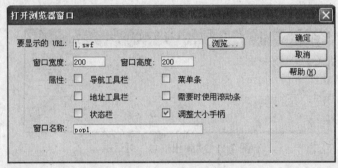

图 7.13 "打开浏览器窗口"对话框

(3)在"要显示的 URL"栏中输入新窗口中的页面地址。

(4)在"窗口宽度"和"窗口高度"栏中分别输入浏览器窗口的尺寸。这里输入 200,200。

(5)在属性组中设置新打开的浏览器窗口是否显示这些窗口元素。这里选中"需要时使用滚动条"(链接的页面较大可自动添加滚动条)和"调整大小手柄"(可调整窗口大小)。

(6)在窗口名称中为新的窗口命名。

打开网页时的浏览器窗口如图 7.14 所示(见电子素材库)。

图 7.14 页面调入时打开浏览器窗口

4. 拖动层

使用"拖动层"的行为，可以使浏览者在页面上拖动层。利用此行为可以创建拼图游戏、滑块控件和其他可移动的页面元素。因为在访问者可以拖动层之前必须先调用"拖动层"动作，所以要确保触发该动作的事件发生在访问者试图拖动层之前。最好的方法是使用 onLoad 事件将"拖动层"附加到<body>对象上。

"拖动层"对话框如图 7.15 所示，各选项含义如下。

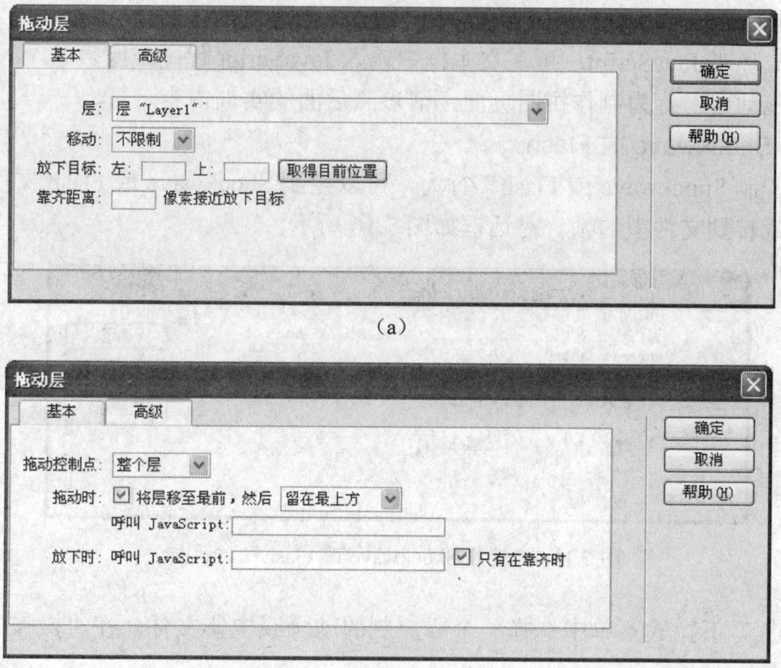

（a）

（b）

图 7.15 "拖动层"对话框

（a）"基本"面板；（b）"高级"面板。

1）"基本"面板

层：从下拉列表中选择可以被拖动的层。

移动：从下拉列表中选择"限制"或"不限制"选项。选择"限制"选项后，可在该对话框中的上、下、左、右文本框里输入以像素为单位的值，这些值是相对于图层的起始位置的。

放下目标：在左和上文本框中输入以像素为单位放置目标的值。放置目标指用户所拖动的层需放置的地方。当层的左上角坐标和在"左"及"上"文本框中输入的值相匹配时，即达到了放置目标，该值是相对于浏览器窗口的左上角而言。单击"取得目标位置"按钮，就会自动将当前图层的所在位置填入这两个文本框中。

靠齐距离：文本框中输入一个以像素为单位的值，指定图层与放置目标的靠近距离，即当拖动图层进入距放置目标指定距离的范围内时，图层将自动与放置目标对齐。

2）"高级"面板

如果还要定义图层的拖动柄等动作，可以在此选项卡中进一步设置。各选项含义如下。

拖动控制点：从下拉列表中选择"层内区域"选项，然后在"左"和"上"文本框中输入水平和垂直的坐标值，在"宽"和"高"文本框中输入拖动柄的宽度和高度。

拖动时：如果要在拖动层时将其移动到叠放顺序的上端，可选中"将层移至最前"复选框，选择放置层时是默认将其保留在上端位置（留在最上方）还是还原为叠放顺序（恢复 Z 轴）。

呼叫 JavaScript：可在文本框中输入 JavaScript 代码或函数名。

放下时：呼叫 JavaScript：可在文本框中输入 JavaScript 代码或函数名。

利用"拖动层"行为制作拼图页面，请参照后面的实训内容。

5. 控制 Shockwave 或 Flash

使用"控制 Shockwave 或 Flash"行为，可以控制 Shockwave 或 Flash 文件的播放、停止、倒带或转到文件中的帧。对话框如图 7.16 所示。

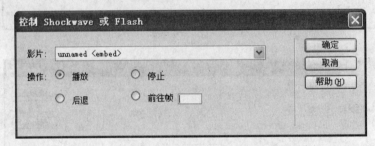

图 7.16　"控制 Shockwave 或 Flash"对话框

在"影片"下拉式菜单中选择一个要控制的动画或电影文件，在"操作"选项组中选择一个动作。

6. 播放声音

使用"播放声音"行为，可以很方便地在网页中加入音乐。对话框如图 7.17 所示。

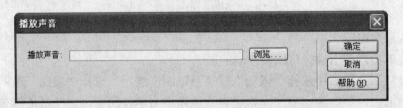

图 7.17　"播放声音"对话框

在"播放声音"文本框中选择一个要播放的声音即可。

例如，在编辑窗口中选择<body>标签，添加"播放声音"行为，选择对应的 onLoad 事件，则是为网页添加背景音乐，即当页面打开时播放音乐。

7. 改变属性

使用"改变属性"行为，可以改变某个对象属性的值，如对象的颜色、尺寸和背景等。

对话框如图 7.18 所示，各选项含义如下。

图 7.18 "改变属性"对话框

对象类型：从下拉列表中选择一种需要改变属性的对象类型。

命名对象：从下拉列表中选择要改变属性的对象。

属性：可选中"选择"按钮，并从其右侧的第一个下拉列表中选择一种属性；或选中"输入"按钮，并在其右侧的文本框中输入属性名称。当在"选择"列表中没有所需属性，就必须选中"输入"按钮，自行输入。

新的值：在文本框中输入新的属性值。

【例 7.3】通过鼠标的移入移出操作改变层的背景颜色。

（1）在页面中插入一个层，改变层的属性：名称为 L1，宽为 50，高为 50，背景颜色为红色。

（2）选中层对象，添加"改变属性"行为，在弹出的对话框中进行设置。如图 7.19 所示。

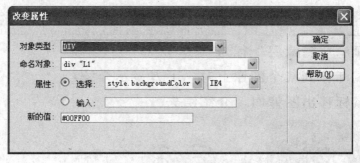

图 7.19 "改变属性"对话框

在"对象类型"列表中选择层标签，在"命名对象"列表中选择"L1"，在属性组的"选择"列表框中选择"style.backgroundColor"，在"新的值"框中输入"#00FF00"。

（3）将此行为的关联事件修改为"onMouseOver"。

（4）按照以上方法再增加一个"onMouseOut"事件，在行为中将"style.backgroundColor"的值改为原来的"#FF0000"。

（5）浏览该网页时，当鼠标移动到层上，背景改为绿色，当鼠标移出层时，背景又还原为红色。

8. 时间轴

使用"时间轴"行为可以使正在播放的时间轴停下来，或使停下来的时间轴再重新

155

开始播放，或从指定的帧开始播放时间轴。

9. 显示—隐藏层

使用"显示—隐藏层"行为，可以显示、隐藏或者恢复一个或多个层默认的可见性。对话框如图 7.20 所示。

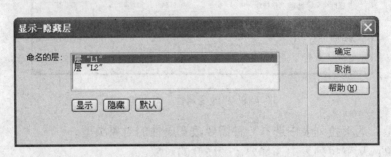

图 7.20 "显示—隐藏层"对话框

在"命名的层"列表中选定需要改变其可见性的图层，单击"显示"按钮可以显示此层；单击"隐藏"按钮可以隐藏此层；单击"默认"按钮可以恢复此层默认的可见性。重复操作可以对所有需要的层进行设置。

【例 7.4】当鼠标移到一个图像上时，在图像下方显示该图像的介绍，当鼠标移出图像时，介绍信息消失。

（1）在页面中插入 2 幅图像，设置好图像的属性。

（2）在每个图像的下方插入各绘制一个层，分别命名为"L1"、"L2"，并在每个层中输入相应图像的介绍，如图 7.21 所示(见电子素材库)。

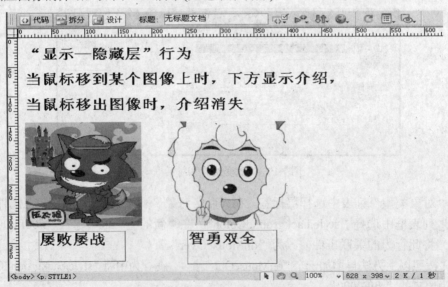

图 7.21 页面中添加 2 个图像和 2 个层

（3）将 2 个层的可见性属性都设为"hidden"，目的是页面打开时层内介绍不显示。

（4）选中第 1 个图像，添加"显示—隐藏层"行为，在打开的对话框中作如图 7.22 所示设置。

156

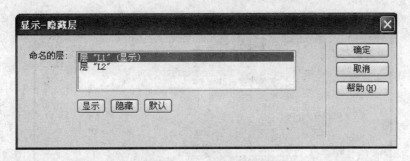

图 7.22　层 L1 的设置对话框

在"命名的层"列表中单击"L1"，再单击"显示"按钮，此时层"L1"后面出现文字"显示"。按"确定"返回。

（5）将该行为的事件设为"onMouseOver"。

（6）按照以上方法，设置"onMouseOut"事件的附加行为为：层"L1"隐藏。

（7）重复以上步骤，设置第 2 幅图所对应的层"L2"中介绍的显示、隐藏。

在浏览状态下，鼠标移到图像上时，下方显示该图的介绍，当鼠标移出时介绍消失。

10．显示弹出式菜单

使用"显示弹出式菜单"行为，可以创建或编辑 Dreamweaver 弹出式菜单，或者打开并修改已插入 Dreamweaver 文档的 Fireworks 弹出式菜单。有关页面中弹出式菜单的用法，在后面章节中会有介绍。

11．检查插件

使用"检查插件"行为是为了检查在浏览器中是否安装了指定的插件，从而将浏览者连接到不同的页面。通常网页设计者是将已经安装了某种插件的用户连接到一个包含此种插件的网页，而将没有安装此插件的用户连接到一个可以下载此插件的地址。对话框如图 7.23 所示。

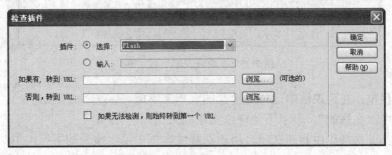

图 7.23　"检查插件"对话框

在"插件"栏的"选择"下拉列表中选择一个要检查的插件；或者选择"输入"按钮，在其右侧的文本框中输入准确的插件名。

下面可以分别设置如果安装了有检查的插件、没有安装或不能检查时可转到的 URL。如果停留在当前页面，则不用输入 URL。

12．检查浏览器

使用"检查浏览器"行为，是为了实现根据访问者不同类型和版本的浏览器将它们转到不同的页面。对话框如图 7.24 所示。

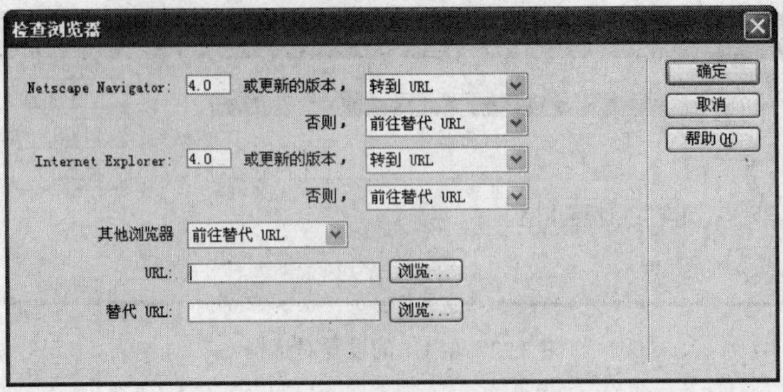

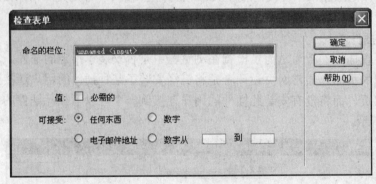

图 7.24　"检查浏览器"对话框

　　在 Netscape Navigator 和 Internet Explorer 文本框中指定所需浏览器的版本。

　　在后面的"或更新的版本"以及"否则"下拉菜单中，分别选择一种浏览器不满足要求时的操作：留在此页、转到 URL、前往替代 URL。

　　"其他浏览器"栏用于设置在浏览器不是上面两种常用的浏览器时的操作。

13. 检查表单

　　使用"检查表单"行为，可以在用户提交表单时检查表单指定文本区的内容，以确保用户输入的数据类型正确。对话框如图 7.25 所示，各选项含义如下。

图 7.25　"检查表单"对话框

　　命名的栏位：在列表框中选择要检查的表单文本域。

　　值：选中"必需的"，表示不允许该文本框为空。

　　可接受：此选项组中有四选项，用于选择文本框中可以接受的字符类型。

　　① 任何东西：表示该单选按钮不需要包含任何特定类型的数据。

　　② 数字：只能在此文本框中输入数字。

　　③ 数字从……到……：只能输入指定范围的数字。

　　④ 电子邮件地址：输入的电子邮件地址中必须带@符号。

14. 设置导航栏图像

　　使用"设置导航栏图像"行为，可以将某个图像变为导航栏图像，或更改导航栏中图像的显示和动作。对话框如图 7.26 所示。对话框中各选项含义在前面第 3 章中已有介绍，此处不再作说明。

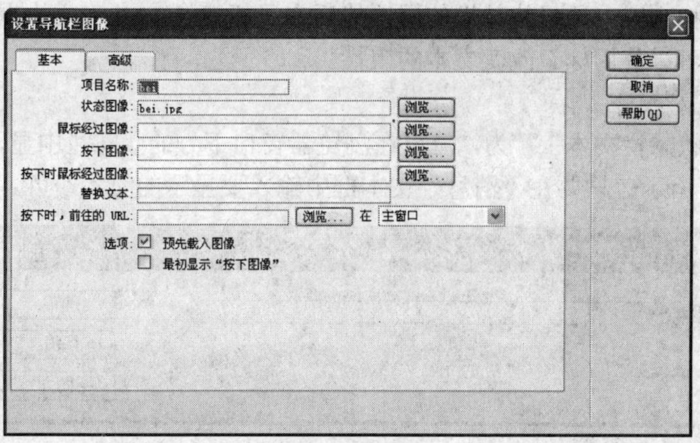

图 7.26　"设置导航栏图像"对话框

15. 设置文本

1）设置框架文本

使用"设置框架文本"行为，可以动态地建立框架文本，用特定的内容替换一个框架的格式和内容。尽管建立框架文本替换了框架的格式，但是可以选中"保留背景色"复选框，保存页面背景和文件色彩属性。对话框如图 7.27 所示。

图 7.27　"设置框架文本"对话框

对话框中各项的含义和设置方法如下。

首先，在"框架"下拉列表中选择目标框架；然后，单击"获取当前 HTML"按钮，复制当前目标框架的 body 部分的内容；最后，在"新建 HTML"文本框中输入用于替换框架内容和格式的文本，内容可以包含任何合法的 HTML。

2）设置层文本

使用"设置层文本"行为，可以用指定的内容来替换位于某一个页面上层的内容和格式，但并不改变原来层的包括颜色在内的属性。对话框如图 7.28 所示。

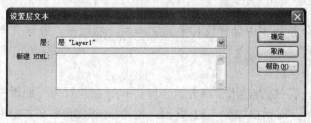

图 7.28　"设置层文本"对话框

在"层"下拉列表中选择待替换的层，然后在"新建 HTML"文本框中输入指定的替换文本即可。可以使用标记改变文本的属性。

3）设置状态栏文本

使用"设置状态栏文本"行为，可以在浏览器窗口下方的状态栏中显示指定的信息。对话框如图 7.29 所示，只要在"消息"文本框中输入要显示的文本即可。

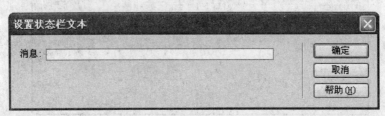

图 7.29 "设置状态栏文本"对话框

在网页中一般设置当鼠标移到某个对象上时，在状态栏中显示相关对象的 URL。默认情况下，当鼠标指针移到网页中的超链接上时，状态栏上会显示该链接的目标 URL，如果不想暴露链接目标，可以修改<body>对象的 onMouseOver 事件动作的附加行为。

【例 7.5】当鼠标移到图像上时，状态栏中显示"欢迎访问"信息。

（1）选中网页中的图像，添加"设置状态栏文本"行为，在"消息"栏中输入"欢迎访问"四个字。

（2）在事件列表中，把事件改为"onMouseOver"。

在浏览网页时，鼠标移动到对象上将不再显示其 URL，显示的是"欢迎访问"四个字。

（3）设置文本域文字。使用"设置文本域文字"行为，可以用指定的内容来替换表单中文本域中的内容。对话框如图 7.30 所示。

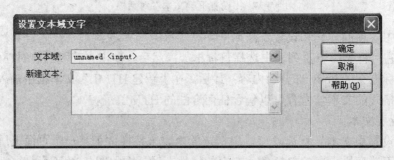

图 7.30 "设置文本域文字"对话框

在"文本域"下拉列表中选择待替换的文本域，然后在"新建文本"文本框中输入指定的替换文字即可。

16. 调用 JavaScript

"调用 JavaScript"行为，用于事件发生时，执行在"行为"面板中指定的自定义函数或 JavaScript 脚本。对话框如图 7.31 所示，在"JavaScript"文本框中输入需执行的脚本代码或函数名。

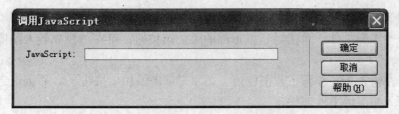

图 7.31 "调用 JavaScript"对话框

17. 跳转菜单

Dreamweaver 创建了菜单对象及与之相关的操作，所以不需要再将跳转菜单与网页中的对象相连。在添加行为菜单中选择"跳转菜单"即可编辑跳转菜单，改变当前文件的路径和增加、改变菜单中命令。具体操作参照前面第 3 章。

18. 跳转菜单开始

只有在页面中插入了"跳转菜单"，"跳转菜单开始"行为才有用。使用"跳转菜单开始"行为可给插入的跳转菜单加上一个定向按钮，单击该按钮就会打开下拉列表中选择的选项所链接的页面。

19. 转到 URL

"转到 URL"行为，用于在当前窗口或指定框架中打开一个新的页面。这个行为可特别用于单击事件，更换两个或更多的框架内容；还可以被时间轴调用，用以隔一定时间跳转到新的页面。对话框如图 7.32 所示。

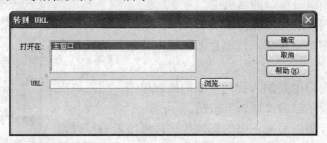

图 7.32 "转到 URL"对话框

在"打开在"列表框中选择打开新的页面文件的窗口。列表框中列出了当前框架集中的所有框架名称以及主窗口。如果页面中没有框架，主窗口则是唯一的选择。在"URL"文本框中输入要打开的页面地址或文件名以及路径名。

20. 预先载入图像

"预先载入图像"行为，可以在浏览器缓存中载入不立刻出现在页面上的图像，用于防止图像在变换时的延迟。对话框如图 7.33 所示。

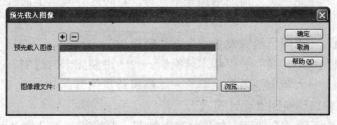

图 7.33 "预先载入图像"对话框

在"图像源文件"栏中输入预下载图像的文件名以及路径名，或者单击"浏览"按钮，选择一个图像文件。单击对话框顶部的添加项按钮，可在"预先载入图像"栏中添加图像文件。

注意：在输入下一个预下载图像前，必须先单击添加项按钮 ⊞，否则选定的图像文件会被新输入的图像文件替代。

7.3 使用 JavaScript 代码

使用"行为"面板可以实现的页面效果是有限的，很多复杂的网页效果还需要直接操作代码来实现。Dreamweaver 中的"代码片断"面板就提供了很多常用的代码，本节只简单介绍一些常用代码的用法。

7.3.1 使用代码片断

1."代码片断"面板

使用"窗口"—"代码片断"菜单命令，可以打开"代码片断"面板，如图 7.34 所示。

"代码片断"面板提供了 10 类代码，有些提供了 HTML 代码效果，有些提供了 JavaScript 代码效果，还有些就是一些现成的页面元素效果。

代码片断前面用 ⑤ 作标记，选中一个代码片断，有 3 种方法可以将其插入到编辑窗口的网页中。

（1）拖动代码片断到编辑窗口的网页中。

（2）在编辑窗口中要插入代码片断的地方单击，然后双击代码片断。

（3）在编辑窗口中要插入代码片断的地方单击，然后单击"代码片断"面板下部的"插入"按钮。

单击"代码片断"面板下部的新建代码片断按钮 ⊞ 可以增加代码片断；单击删除代码片断按钮 🗑 可以删除代码片断；单击编辑代码片断按钮 📝 可以修改代码片断。

图 7.34 "代码片断"面板

2. 代码片断使用举例

【例 7.6】随机改变背景颜色。

（1）将编辑窗口切换到"代码模式"。

（2）打开"代码片断"面板，将代码片断"JavaScript"—"起始脚本"—"起始脚本 1.2，换行"拖动到 HTML 代码的<head></head>之间。

（3）在代码"//End——"前面增加几个空行，按顺序分别将下面 3 个代码片断拖动到空行中。

"JavaScript"—"随机函数发生器"—"随机数"。

"JavaScript"—"转换"—"基本转换"—"十进制到十六进制"。

"JavaScript"—"随机函数发生器"—"随机背景色"。

（4）将编辑窗口切换到"设计模式"。

（5）在网页中插入一个按钮，如果是表单按钮，要将其动作设为"无"，将其标签改为"随机背景色"。

（6）选择"随机背景色"按钮，添加"调用 JavaScript"行为。

（7）在"调用 JavaScript"的"JavaScript"框中输入随机背景函数 randomBgColor()。

（8）选择事件为 onClick，保存网页。

在浏览器中浏览时，每单击一次按钮，网页便随机改变一次背景颜色。

【例 7.7】在浏览网页时禁止使用鼠标右键。

（1）将编辑窗口切换到"代码视图"。

（2）打开"代码片断"面板， 将代码片断"JavaScript"—"起始脚本"—"起始脚本 1.2，换行"拖动到 HTML 代码的<head></head>之间。

（3）在代码"//End——"前面增加几个空行，将代码片断"JavaScript"—"浏览器函数"—"禁用右键单击"拖动到空行中。

浏览网页时，单击鼠标右键不会出现右键菜单，而是出现"警告"对话框，上面有文字"Right click disabled"。

可以将代码中的"var message="Right click disabled""一句中的"Right click disabled"改为其他文字，如"请不要使用右键！"。

7.3.2 一些常用效果的脚本代码

"代码片断"面板中提供的代码类型是有限的，不同类型的网页对象，所需要的效果也是不同的。如果设计者具有一定的脚本编写能力，可以自己编写所需的脚本，对于初学者可能不具备此能力，可以从互联网上去搜索一些免费的网页效果代码，添加到所编辑的网页中。下面就举一些在网页中常用代码的插入方法。

1. 在窗口中显示时钟

将以下代码放入<head>和</head>之间即可。

```
<SCRIPT language=JavaScript>
//clock
dCol='000000';//date colour.
fCol='6666FF';//face colour.
sCol='000000';//seconds colour.
mCol='000000';//minutes colour.
hCol='000000';//hours colour.
ClockHeight=40;
ClockWidth=40;
ClockFromMouseY=0;
ClockFromMouseX=100;

//Alter nothing below! Alignments will be lost!

d=new Array("SUNDAY","MONDAY","TUESDAY","WEDNSEDAY","THURSDAY","FRIDAY","SATURDAY");
m=new
```

```
Array("JANUARY","FEBRUARY","MARCH","APRIL","MAY","JUNE","JULY","AUGUST","SEPTEMBER","OCTO
BER","NOVEMBER","DECEMBER");
    date=new Date();
    day=date.getDate();
    year=date.getYear();
    if (year < 2000) year=year+1900;
    TodaysDate=" "+d[date.getDay()]+" "+day+" "+m[date.getMonth()]+" "+year;
    D=TodaysDate.split('');
    H='...';
    H=H.split('');
    M='... ';
    M=M.split('');
    S='... ';
    S=S.split('');
    Face='1 2 3 4 5 6 7 8 9 10 11 12';
    font='Arial';
    size=1;
    speed=0.6;
    ns=(document.layers);
    ie=(document.all);
    Face=Face.split(' ');
    n=Face.length;
    a=size*10;

    //ymouse=0;
    //xmouse=0;
    ymouse=190;
    xmouse=80;
    scrll=0;
    props="<font face="+font+" size="+size+" color="+fCol+"><B>";
    props2="<font face="+font+" size="+size+" color="+dCol+"><B>";
    Split=360/n;
    Dsplit=360/D.length;
    HandHeight=ClockHeight/4.5
    HandWidth=ClockWidth/4.5
    HandY=-7;
    HandX=-2.5;
    scrll=0;
    step=0.06;
```

```
currStep=0;
y=new Array();x=new Array();Y=new Array();X=new Array();
for (i=0; i < n; i++){y[i]=0;x[i]=0;Y[i]=0;X[i]=0}
Dy=new Array();Dx=new Array();DY=new Array();DX=new Array();
for (i=0; i < D.length; i++){Dy[i]=0;Dx[i]=0;DY[i]=0;DX[i]=0}
if (ns){
for (i=0; i < D.length; i++)
document.write('<layer name="nsDate'+i+'" top=0 left=0 height='+a+' width='+a+'>
<center>'+props2+D[i]+'</font></center></layer>');
for (i=0; i < n; i++)
document.write('<layer name="nsFace'+i+'" top=0 left=0 height='+a+' width='+a+'>
<center>'+props+Face[i]+'</font></center></layer>');
for (i=0; i < S.length; i++)
document.write('<layer name=nsSeconds'+i+' top=0 left=0 width=15 height=15><font
face=Arial size=3 color='+sCol+'><center><b>'+S[i]+'</b></center></font></layer>');
for (i=0; i < M.length; i++)
document.write('<layer name=nsMinutes'+i+' top=0 left=0 width=15 height=15><font
face=Arial size=3 color='+mCol+'><center><b>'+M[i]+'</b></center></font></layer>');
for (i=0; i < H.length; i++)
document.write('<layer name=nsHours'+i+' top=0 left=0 width=15 height=15><font
face=Arial size=3 color='+hCol+'><center><b>'+H[i]+'</b></center></font></layer>');
}
if (ie){
document.write('<div id="Od" style="position:absolute;top:0px;left:0px"><div style=
"position:relative">');
for (i=0; i < D.length; i++)
document.write('<div id="ieDate" style="position:absolute;top:0px;left:0;height:
'+a+';width:'+a+';text align:center">'+props2+D[i]+'</B></font></div>');
document.write('</div></div>');
document.write('<div id="Of" style="position:absolute;top:0px;left:0px"><div style=
"position:relative">');
for (i=0; i < n; i++)
document.write('<div id="ieFace" style="position:absolute;top:0px;left:0;height:
'+a+';width:'+a+';text-align:center">'+props+Face[i]+'</B></font></div>');
document.write('</div></div>');
document.write('<div id="Oh" style="position:absolute;top:0px;left:0px"><div style=
"position:relative">');
for (i=0; i < H.length; i++)
```

```
    document.write('<div id="ieHours" style="position:absolute;width:16px;height:16px;
font-family:Arial;font-size:16px;color:'+hCol+';text-align:center;font-weight:bold">'
+H[i]+'</div>');
    document.write('</div></div>');
    document.write('<div id="Om" style="position:absolute;top:0px;left:0px"><div style=
"position:relative">');
    for (i=0; i < M.length; i++)
    document.write('<div id="ieMinutes" style="position:absolute;width:16px;height:16px;
font-family:Arial;font-size:16px;color:'+mCol+';text-align:center;font-weight:bold">'
+M[i]+'</div>');
    document.write('</div></div>')
    document.write('<div id="Os" style="position:absolute;top:0px;left:0px"><div style=
"position:relative">');
    for (i=0; i < S.length; i++)
    document.write('<div id="ieSeconds" style="position:absolute;width:16px;height:16px;
font-family:Arial;font-size:16px;color:'+sCol+';text-align:center;font-weight:bold">
'+S[i]+'</div>');
    document.write('</div></div>')
    }
    // (ns)?window.captureEvents(Event.MOUSEMOVE):0;
    //function Mouse(evnt){
    // ymouse = (ns)?evnt.pageY+ClockFromMouseY-(window.pageYOffset):event.
y+ClockFromMouseY;
    // xmouse = (ns)?evnt.pageX+ClockFromMouseX:event.x+ClockFromMouseX;
    //}
    //(ns)?window.onMouseMove=Mouse:document.onmousemove=Mouse;
    function ClockAndAssign(){
    time = new Date ();
    secs = time.getSeconds();
    sec =-1.57 + Math.PI * secs/30;
    mins = time.getMinutes();
    min =-1.57 + Math.PI * mins/30;
    hr = time.getHours();
    hrs =-1.575 + Math.PI * hr/6+Math.PI*parseInt(time.getMinutes())/360;
    if (ie){
    Od.style.top=window.document.body.scrollTop;
    Of.style.top=window.document.body.scrollTop;
    Oh.style.top=window.document.body.scrollTop;
    Om.style.top=window.document.body.scrollTop;
```

```
Os.style.top=window.document.body.scrollTop;
}
for (i=0; i < n; i++){
 var F=(ns)?document.layers['nsFace'+i]:ieFace[i].style;
 F.top=y[i] + ClockHeight*Math.sin(-1.0471 + i*Split*Math.PI/180)+scrll;
 F.left=x[i] + ClockWidth*Math.cos(-1.0471 + i*Split*Math.PI/180);
 }
for (i=0; i < H.length; i++){
 var HL=(ns)?document.layers['nsHours'+i]:ieHours[i].style;
 HL.top=y[i]+HandY+(i*HandHeight)*Math.sin(hrs)+scrll;
 HL.left=x[i]+HandX+(i*HandWidth)*Math.cos(hrs);
 }
for (i=0; i < M.length; i++){
 var ML=(ns)?document.layers['nsMinutes'+i]:ieMinutes[i].style;
 ML.top=y[i]+HandY+(i*HandHeight)*Math.sin(min)+scrll;
 ML.left=x[i]+HandX+(i*HandWidth)*Math.cos(min);
 }
for (i=0; i < S.length; i++){
 var SL=(ns)?document.layers['nsSeconds'+i]:ieSeconds[i].style;
 SL.top=y[i]+HandY+(i*HandHeight)*Math.sin(sec)+scrll;
 SL.left=x[i]+HandX+(i*HandWidth)*Math.cos(sec);
 }
for (i=0; i < D.length; i++){
 var DL=(ns)?document.layers['nsDate'+i]:ieDate[i].style;
 DL.top=Dy[i] + ClockHeight*1.5*Math.sin(currStep+i*Dsplit*Math.PI/180)+scrll;
 DL.left=Dx[i] + ClockWidth*1.5*Math.cos(currStep+i*Dsplit*Math.PI/180);
 }
currStep =step;
}
function Delay(){
scrll=(ns)?window.pageYOffset:0;
Dy[0]=Math.round(DY[0]+=((ymouse)-DY[0])*speed);
Dx[0]=Math.round(DX[0]+=((xmouse)-DX[0])*speed);
for (i=1; i < D.length; i++){
Dy[i]=Math.round(DY[i]+=(Dy[i -1]-DY[i])*speed);
Dx[i]=Math.round(DX[i]+=(Dx[i -1]-DX[i])*speed);
}
y[0]=Math.round(Y[0]+=((ymouse)-Y[0])*speed);
x[0]=Math.round(X[0]+=((xmouse)-X[0])*speed);
```

```
for (i=1; i < n; i++){
y[i]=Math.round(Y[i]+=(y[i -1]-Y[i])*speed);
x[i]=Math.round(X[i]+=(x[i -1]-X[i])*speed);
}
ClockAndAssign();
setTimeout('Delay()',50);
}
if (ns||ie)window.onload=Delay;
```

```
</SCRIPT>
```
页面浏览效果如图 7.35 所示（见电子素材库）。

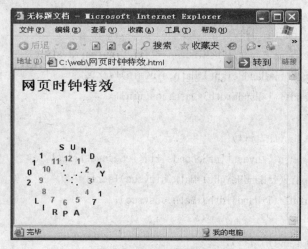

图 7.35　网页时钟特效

2. 在网页中添加百度搜索栏

在页面中需要插入搜索栏位置，把以下代码插入即可。

```
<div><form action="http://www.baidu.com/baidu" target="_blank">
<table bgcolor="#FFFFFF"><tr><td>
<input name=tn type=hidden value=baidu>
<a    href="http://www.baidu.com/"><img    src="http://img.baidu.com/img/logo-80px.gif"
alt="Baidu" align="bottom" border="0"></a>
<input type=text name=word size=30>
<input type="submit" value="百度搜索">
</td></tr></table>
</form></div>
```

页面浏览效果如图 7.36 所示（见电子素材库）。

3. 设置多幅图像的循环滚动

前面提到过<marquee>标记可以实现文字或图像的滚动，但是如果多幅图像循环滚动会出现首尾不相连的情况，下面这段代码就可以实现滚动时首尾相连的效果。

168

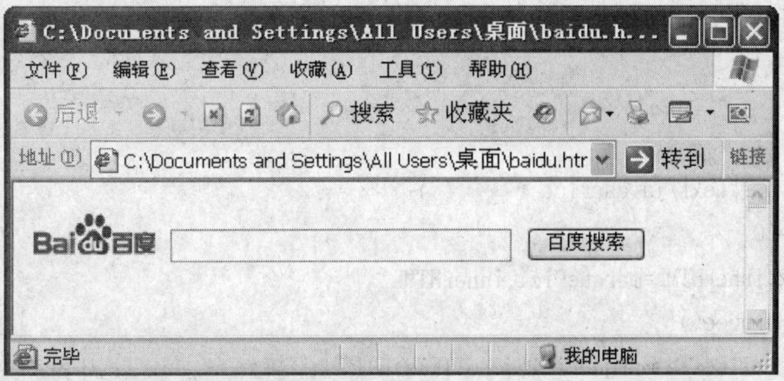

图 7.36　百度搜索栏特效

在需要插入循环滚动图片的位置单击，插入以下代码。

```
<div id=demo style="overflow:hidden;width:750;" align=center>
<table border=0 align=center cellpadding=1 cellspacing=1 cellspace=0 >
<tr>
<td valign=top bgcolor=ffffff id=marquePic1>
<table width='100%' border='0' cellspacing='0'>
<tr>
<td align=center><a href='#'><img  src="pic/1.jpg"  width=120 height=80 border=0><br>
<br>02</a></td>
<td align=center><a href='#'><img  src="pic/2.jpg"  width=120 height=80 border=0><br>
<br>03</a></td>
<td align=center><a href='#'><img  src="pic/3.jpg"  width=120 height=80 border=0><br>
<br>04</a></td>
<td align=center><a href='#'><img  src="pic/4.jpg"  width=120 height=80 border=0><br>
<br>05</a></td>
<td align=center><a href='#'><img  src="pic/5.jpg"  width=120 height=80 border=0><br>
<br>06</a></td>
<td align=center><a href='#'><img  src="pic/6.jpg"  width=120 height=80 border=0><br>
<br>07</a></td>
<td align=center><a href='#'><img  src="pic/7.jpg"  width=120 height=80 border=0><br>
<br>08</a></td>
<td align=center><a href='#'><img  src="pic/8.jpg"  width=120 height=80 border=0><br>
<br>09</a></td>
<td align=center><a href='#'><img  src="pic/9.jpg"  width=120 height=80 border=0><br>
<br>01</a></td>
</tr>
</table>
</td>
```

169

```
<td id=marquePic2 valign=top></td>
</tr>
</table>
</div>
<script type="text/javascript">
var speed=50
marquePic2.innerHTML=marquePic1.innerHTML
function Marquee(){
if(demo.scrollLeft>=marquePic1.scrollWidth){
demo.scrollLeft=0
}else{
demo.scrollLeft++
}
}
var MyMar=setInterval(Marquee,speed)
demo.onmouseover=function() {clearInterval(MyMar)}
demo.onmouseout=function() {MyMar=setInterval(Marquee,speed)}
</script>
```
页面浏览效果如图 7.37 所示（见电子素材库）。

图 7.37　首尾相连循环滚动多幅图像效果

4. 在状态栏上显示当前的日期和时间

要在状态栏上显示当前的日期和时间需要完成两个步骤。

第一步：把如下代码加入到<body>区域中。

```
<SCRIPT LANGUAGE="JavaScript">
<!-Begin
function runClock() {
theTime = window.setTimeout("runClock()", 1000);
var today = new Date();
var display= today.toLocaleString();
```

170

```
status=display;
}
// End->
</SCRIPT>
```

第二步：把"onLoad="runClock()""加在<body>标记里，

例如：<body onLoad="runClock()">

页面浏览效果如图 7.38 所示。

图 7.38　在页面状态栏中显示当前日期和时间

7.4　网页模板和资源面板

用模板和资源面板可以创建具有统一结构和外观的网站，在需要更改网站的整个外观时，只要将相应的模板文件和资源项目稍做修改，即可应用模板和资源对整个网站进行快速更新。

7.4.1　生成模板

模板是一种文件，可以用它作为其他文件的基础。创建一个模板时，可以指定页面的哪些元素保持不变，哪些元素可以被修改。一般的网站，都是网页的导航图像和导航栏部分不变，主体内容部分发生改变。

可以从一个已经存在的网页文件中生成模板，并对其做适当的修改以满足需要；也可以从一个空白的网页文件中生成一个模板。

1. 保存模板文件

模板会自动地保存在站点根目录的 Templates 文件夹下。如果该文件夹不存在，则 Dreamweaver 会在保存模板时自动生成该文件夹。

【例 7.8】将一个已存在的文件另存为模板。

（1）使用"文件"—"打开"菜单命令，打开一个已存在的文件。

（2）使用"文件"—"另存为模板"菜单命令，打开如图 7.39 所示的"另存为模板"对话框。

（3）在对话框的"站点"下拉列表中选择一个站点，并在"另存为"文本框中输入该模板的名字。

（4）单击"保存"按钮，保存模板。

2. 使用资源面板

在 Dreamweaver 中，对模板的大部分操作都可以通过资源面板中的模板子面板完成，如图 7.40 所示。

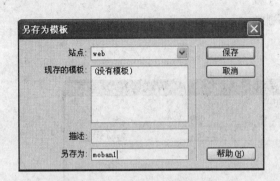

图 7.39 "另存为模板"对话框   图 7.40 "资源"面板

【**例 7.9**】通过"资源"面板生成一个新的空白模板。

（1）单击"资源"面板中的模板按钮 。

（2）在"资源"面板中，任选以下操作之一。

① 在下方的模板列表中右击，在快捷菜单中选择"新建模板"命令。

② 单击"模板"子面板右下角的"新建模板"按钮 。

（3）输入新模板的名字。

【**例 7.10**】编辑一个模板。

（1）打开"资源"面板的"模板"子面板。

（2）双击要编辑的模板名，或单击右下角的"编辑"按钮 。

（3）在文档窗口中编辑模板，然后将其保存。

7.4.2 设置模板属性

1. 设置模板的页面属性

由模板生成的文件继承了模板的页面属性中除了页面标题外的所有部分。如果一个文件使用了模板，可以改变此文件的标题，但其他任何对页面属性的改变都将被忽略。

可以使用"修改"—"页面属性"改变模板的页面属性，然后更新所有使用了该模板的页面。

2. 定义模板的可编辑区

每个模板都包含可编辑区和不可编辑区两部分。可编辑区指的是一个页面中可以更改的部分，它所包含的内容是经常变换的，如一个页面的主体标题部分。不可编辑区是指在所有页面中不能改变的内容，它的内容只能在模板中编辑，如一个页面的导航图像和导航按钮部分或网站标志等。

在默认状态下，保存模板时所有的区域都被标志为不可编辑区；要使该模板具有应用价值，必须修改其中的某些部分，使其成为可编辑区。

在编辑模板本身时，既可以修改可编辑区，也可以修改不可编辑区。然而，当该模板应用到文件时，就只能修改文件中的可编辑区，不可修改不可编辑区。不可编辑区需要命名。在为一个区域命名时，不可以使用单引号、双引号、尖括号以及&符号。

【例7.11】定义一个模板的可编辑区。

（1）在模板中选中想要编辑部分的文本或内容。

（2）单击"常用"工具栏中的"模板"按钮 右侧的箭头，从弹出的下拉式菜单中选择"可编辑区域"。

（3）在弹出的"新建可编辑区域"对话框的"名称"框中，为该区域输入一个名字，如图7.41所示，然后单击"确定"按钮。

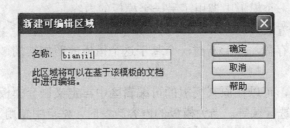

图7.41 "新建可编辑区域"对话框

可编辑区域中有一个深色的文本框，标有该可编辑区的名称，如"bianji1"，如图7.42所示。

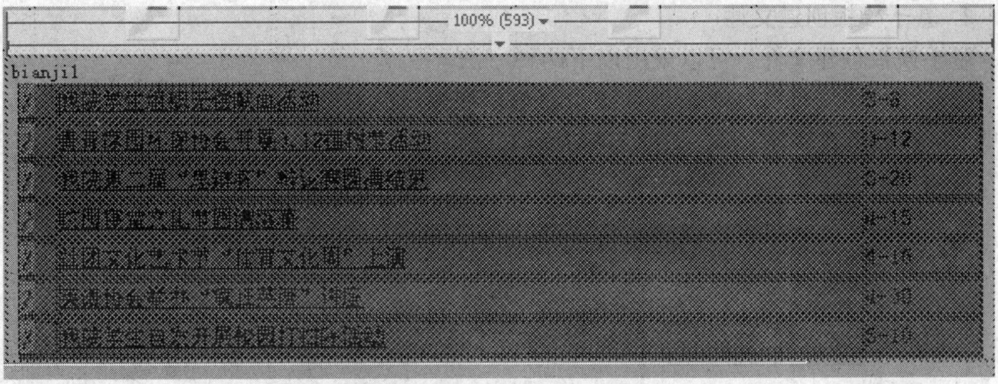

图7.42 模板中可编辑区域

可以将整个表格或一个单独的单元格定义为可编辑区；但是，不可以一次将多个单元格定义为可编辑区。如果选了多个单元格作为可编辑区，会出现提示对话框。"层"与"层的内容"是不同的元素，使一个"层"成为可编辑区时允许灵活调整该层的位置；而使"层的内容"成为可编辑区时允许改变层的内容。

3. 定义重复区域

重复区域指的是一个页面中可以任意增加的部分，如表格中的内容等。

重复区域是不可编辑区，如果要在重复区域中编辑不同的内容，必须在重复区域中插入可编辑区域。

可以将整个表格或一个单独的单元格定义为重复区域，但是，不可以一次将多个单元格定义为重复区域。

4. 定义可选区域

可选区域是指在满足一定条件下才在页面中显示的区域。

可选区域能控制模板中的内容在特定的页面中显示与否。可选区域是通过一个以"if"打头的条件语句进行控制的。通过这个条件语句，可以控制用模板生成的页面中可选区域可见与否。

可选区域被一个浅绿色的格子包围，区域的标签栏里的表达式为这个可选区域的判断条件表达式。

5. 定义嵌套模板

嵌套模板是指在一个模板中调用了另一个模板的内容。

创建嵌套模板的方法：

首先将原始模板存盘，然后新建一个基于这个模板的新的文档，再将这个文档保存为一个模板即可。

在新建的模板中，可以在原来模板的可编辑区中再定义嵌套模板，设置新的模板区域，如重复区域、可选区域等。当大模板的内容改变时，站点中使用了大模板的小模板、使用了大模板的页面、使用了小模板的页面都将改变。

7.4.3 应用模板

应用模板可以方便地创建模板，还可以同时修改所有应用模板的页面。

1. 基于模板创建文件

基于模板创建文件，可以采用以下两种方法。

（1）使用"文件"—"新建"菜单命令，在弹出的对话框中选择"模板"选项卡，出现"从模板新建"对话框，如图 7.43 所示。在该对话框中选择一个模板，然后单击"创建"按钮。

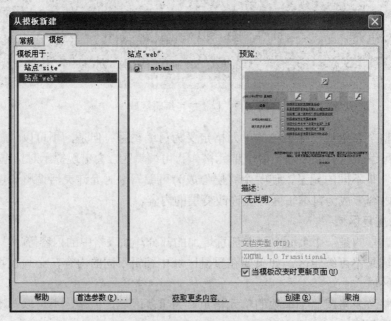

图 7.43 "从模板新建"对话框

174

（2）新建一个文件，然后从"资源"面板的"模板"子面板中选取一个模板，再单击面板下方的"应用"按钮。

2. 在已有的文件中应用模板

要在已打开的文件中应用模板，可有以下几种方法。

（1）使用"修改"—"模板"—"应用模板到页"，从列表中选择一个模板，然后单击"选定"按钮。

（2）从"资源"面板的"模板"子面板中拖动模板到文本窗口中。

（3）在"资源"面板的"模板"子面板中选中一个模板，然后单击"应用"按钮。

当把一个模板应用于另一个页面上时，模板中的内容会添加到文件中。

如果一个文件已经使用了一个模板，Dreamweaver 会尝试着将两个模板间的同名区域进行匹配，然后将可编辑区中的内容插入到新模板的可编辑区中。如果没有匹配的可编辑区，或上一个模板中的可编辑区在新模板中没有相应的区域，则会出现一个对话框，提示删除无关的区域或将其转移到新模板中。如果新模板中的可编辑区多于上一个模板中的可编辑区，则它们将作为占位符内容出现在文件中。

3. 将文件从模板中分离

要想同时修改一个已应用了模板的页面的不可编辑区与可编辑区，必须先将页面从模板中分离。一旦页面与模板分离，页面就可随意修改，但该页面将不再随着模板的更新而更新。

将文件从模板分离的方法如下。

打开想要分离模板的文件，使用"修改"—"模板"—"从模板中分离"菜单命令，此时页面已从模板中分离出来，所有的区域都可以编辑了。

4. 修改模板并更新站点

对模板进行了修改之后，Dreamweaver 会提示更新应用了模板的文件。也可以使用"修改"—"模板"—"更新页面"菜单命令，更新当前页面或整个站点。

7.4.4 使用资源面板

Dreamweaver 中的资源面板包括图像、Flash 动画、多媒体素材、超链接、脚本等。

1. 使用资源面板添加网页元素

使用"窗口"—"资源"菜单命令打开"资源"面板，如图 7.44 所示。

"资源"面板中提供了两种查看资源的方式：一是"站点"列表，列出站点中面板可以识别的所有资源；二是"收藏"列表，只显示用户挑选出来的资源。

从"资源"面板的左侧选择一个分类，然后在右边的列表中选择一个资源，通过直接拖动或单击面板下部的"插入"按钮将其插入到编辑窗口中。

2. 管理资源

在"站点"列表显示时，选择除"模板"和"库"以外类别的元素时，单击下部的按钮可将该资源添加到"收藏"

图 7.44　"资源"面板

中，在收藏方式时显示。

单击按钮 可打开编辑器，编辑选中的资源。不是所有的资源都有合适的编辑器，所以有些资源不能编辑。单击按钮 ↻可刷新站点中的资源列表。

本 章 小 结

本章主要介绍了时间轴的编辑方法以及页面中行为的添加方法。利用时间轴可以动态改变图像的源文件和动态改变层的各种属性等，为网页做出生动的动画效果。借助于行为，可以不必编辑就可以实现比较复杂的动态效果。使用模板和资源可以快速制作风格统一的网站。

实训 使用"拖动层"行为制作网页拼图

一、实训目的

掌握页面中行为的添加。

二、实训要求

（1）理解动作和事件。

（2）理解拖动层行为的适应对象以及"拖动层"行为对话框的设置。

三、实训内容

（1）建立一个本地站点（步骤略）。

（2）新建一个网页，在网页上一个 1 列 3 行的表格，设置表格的宽为 600 像素，高为 360 像素，边框为 1。

（3）将表格的 3 个单元格的高度全部设为 120 像素。

（4）在表格的右侧绘制 3 个层，层的大小和单元格相同，即宽为 600 像素，高为 120 像素。分别将层命名为 Layer1、Layer2 和 Layer3，在三个层中分别插入 3 个事先准备好的图像。

（5）在编辑窗口将层 L1 拖动到第 1 个表格单元格中，将层 L2 拖动到表格的第 2 个单元格中，将层 L3 拖动到表格的第 3 个单元格中，并对齐到单元格，如图 7.45 所示。

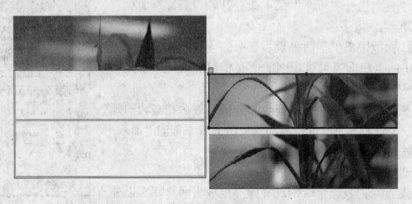

图 7.45 将层拖动到指定的单元格中

（6）单击编辑窗口的<body>标签，添加"拖动层"行为，在打开的对话框中作如下设置。

"基本"选项卡设置（图 7.46）如下。

图 7.46 "基本"选项卡设置

① 在"层"下拉列表中选择"Layer1"。

② 在"移动"栏中选择"不限制"，即不限制将对象拖动到窗口的位置。如果选择"限制"，则需要设置限制区的上下左右数值。

③ 在"放下目标"栏中设置对象应该拖动到的正确位置。因为添加行为之前已经把层移到目标位置了，所以此处单击"取得目前位置"，即可将准确位置填入框中。

④ 在"靠齐距离：像素接近放下目标"中设置一个像素值。当浏览者将对象拖动到接近目标一定范围时，对象自动移动到目标位置，使得拖动更容易完成。

"高级"选项卡设置（图 7.47）如下。

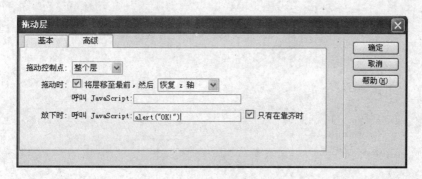

图 7.47 "高级"选项卡设置

① 在"拖动控制点"框中选择"整个层"，使得在层中任意位置都可以拖动层。如果选择"层内区域"，则要设置可拖动区域的上下左右数值。

② 在"拖动时"栏中，选中复选框，后面选择"恢复 z 轴"，使得拖动对象时，对象显示在所有其他层之上，拖动结束后，回到原来的 z 轴位置。

若选择"留在最上方"，则对象在拖动结束后，不回到原来的 z 轴位置，继续显示在最上方。

③ 在"呼叫 JavaScript"栏中可以输入拖动时调用的脚本程序，如拖动时显示当前位置等，这里不选择。

177

④ 在"放下时：呼叫 JavaScript"框中输入一段脚本代码"alert("OK!")"，同时选中"只有在靠齐时"复选框。按"确定"按钮返回。若不选中"只有在靠齐时"复选框，则对象被拖动到任意位置时都会调用这个 JavaScript 脚本，所以一般都会选中此复选框。

（7）将拖动层的事件设为 onLoad。

（8）按照以上第 6 步和第 7 步，将层 Layer2 和层 Layer3 也设置拖动效果。

制作好的网页浏览时如图 7.48 所示，每一个图像都可以任意拖动，拖动到目标位置时，显示一个对话框"OK!"（见电子素材库）。

注意：不能将"拖动层"的动作附加到具有 onMouseDown 或 onClick 事件的对象中。

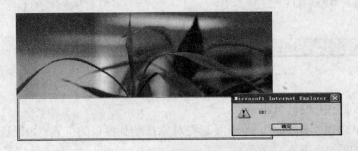

图 7.48　拖动层效果

第8章 使用 Fireworks 8 处理图像

【教学目标】

熟悉 Fireworks 8 的基本操作界面和工具箱；掌握使用 Fireworks 8 创建 Web 对象的方法和技巧；掌握图像优化和导出的方法。

8.1 Fireworks 8 基础

Macromedia Fireworks 8 是专门针对网页设计的应用软件，可根据网页提供的信息做出选择的交互性网页元素。通过创建元件并不停地改变其实例属性来产生一种运动的感觉，可以对图形进行优化和导出，达到图像颜色、压缩和品质的最佳组合。Macromedia 公司推出的 Fireworks 与 Dreamweaver、Flash 等软件的配合使用，目前在业界已有很广的应用。

8.1.1 网页图像的格式

图像文件格式有很多种，但网页中常使用的只有三种：PNG、GIF 和 JPEG。PNG 格式是一种新型的图像格式，其压缩比高且是无损压缩，支持真彩色及透明背景等多种图像特征，并保存编辑时的所有信息，在任何时候都可以进行修改和编辑。GIF 格式是无损压缩，文件较小，同时支持静态和动态两种形式。JPEG 格式采用有损压缩，支持真彩色，适合显示摄影或连续色调图像。随 JPEG 格式文件品质的提高，文件的大小也相应地增加。

8.1.2 Fireworks 8 工作界面

在安装了 Fireworks 8 之后，会自动在 Windows 的"开始"菜单中创建程序组，单击"开始"—"程序"—"Macromedia Fireworks 8"—"Fireworks 8"命令，即可启动 Fireworks 8，如图 8.1 所示。

标题栏中显示的内容主要有 Fireworks 8 图标、编辑文件名、应用程序名、最小化按钮、最大化/还原按钮和关闭按钮。

菜单栏：文件、编辑、视图、修改、文本等命令。

工具栏：主要和修改两种类型，使用"窗口"—"工具栏"—"主要" / "修改"来显示/隐藏两种工具栏。

工具箱：选择、位图、矢量、Web、颜色和视图六种类型。

属性面板：通常位于工作区的底部，显示当前选区的属性、当前工具选项或文档的属性等，通过修改"属性"面板中的选项来调整图像的相关属性。"属性"面板打开状态有半高、全高和完全折叠三种形式，可通过"属性"面板右上角的"选项"菜单进行设置。

图 8.1　Fireworks 8 工作界面

控制面板：位于工作区的右侧，利用"窗口"菜单可以打开或关闭各种控制面板。每个控制面板既可以相互独立，又可以与其他面板组合。使用菜单"窗口"—"隐藏"面板或按"F4"，可以快速隐藏所有面板。

"优化"面板，用户可以很方便地定义图像的格式、颜色数、压缩比例以及透明的情况等。"层"和"帧"面板可以对文档的结构进行组织，"帧"面板还包含一些用于生存动画文件的选项。"混色器"面板用于创建要添加至当前文档的调色板或要应用到选定对象的颜色。"对齐"面板用于在画布上对齐和分布对象。"行为"面板主要针对切片或热点对象。选中切片或热点区域后，可以任意的增加/删除行为。

8.1.3　Fireworks 8 文档创建

使用菜单"文件"—"新建"，可弹出如图 8.2 所示的"新建文档"对话框。该对话框可以设置画布的大小、分辨率和颜色，同时也生成 PNG 格式文件。

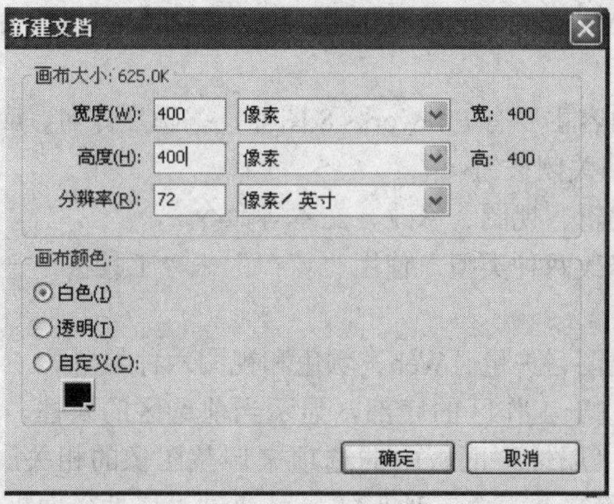

图 8.2　"新建文档"对话框

文档窗口是操作界面中显示图形图像的工作区域，用于编辑和绘制图形图像。

左上角显示文件的名称，可以在多个文件之间来回切换，下面有"原始"、"预览"、"2 幅"和"4 幅"4 个视图按钮，其中"原始"按钮用于图形编辑，其余按钮用于浏览和观察图像优化输出的结果。

8.2　Fireworks 8 工具箱

8.2.1　使用矢量工具

矢量是一种面向对象的基于数学方法的绘图方式，用矢量方法绘制出来的图形称为矢量图形。该图形的显示质量与分辨率的设置无关，当进行缩放操作时，图形不会失真；另外，可以对绘制的图形进行填充和描边。

1. 利用钢笔工具绘制矢量对象

"钢笔"工具：用于绘制不规则的路径，如直线、曲线等。钢笔工具主要利用节点来控制绘制的图形形状。

绘制直线：选择"钢笔"工具，在画布中单击第一个节点，任意移动鼠标，在下一个位置单击，一条直线将两个节点连接；如果继续绘制，形成连续直线段；选择其他工具结束该路径。

绘制曲线：选择"钢笔"工具，在画布中单击第一个节点，将鼠标移动到下一个点的位置，然后按下鼠标左键并拖动鼠标以产生一个曲线点，曲线在两点之间形成。如果继续绘制，形成连续的曲线段。选择其他工具结束该路径的绘制。

2. 利用工具箱中的矢量图形工具绘制矢量对象

绘制直线、矩形和椭圆：选择工具箱中的"直线"、"矩形"或"椭圆"工具，在"属性"面板中设置笔触和填充属性，在画布中拖动鼠标绘制出所需形状。对于"直线"工具，按住 Shift 键并拖动鼠标，可以绘制出直线；对于"矩形"或"椭圆"工具，按住 Shift 键并拖动鼠标，可以绘制正方形或圆。

3. 利用"自动形状"工具组绘制矢量对象

"自动形状"工具组与其他对象组不同，选定的自动形状除了具有对象组手柄外，还具有菱形的控制点。拖动某个控制点只改变与其关联的可视化属性，如图 8.3 所示。

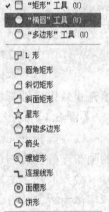

图 8.3　"自动形状"工具组

4. 编辑文本

使用工具箱中的"文本"工具 **A**，在画布中单击，形成文本的编辑状态，可以直接输入文本信息。如果希望文本不受矩形块的限制，可以绘制路径并将文本附加到该路径。文本将顺着路径的形状排列并保持可编辑的特性。

"文本"工具的"属性"面板，如图 8.4 所示。

Aᵥ：调整字据和行距。

⇌：水平缩放。

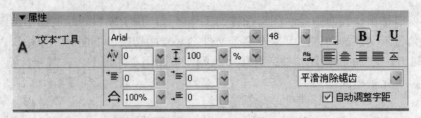

图 8.4 "文本"工具的"属性"面板

$\updownarrow$：垂直缩放。

$\frac{ab}{}$：设置文本方向。

$^{\equiv}$：段前空格。

$_{\equiv}$：段后空格。

平滑消除锯齿 ∨：消除锯齿级别。

$^{\equiv}$：段落缩进。

文本附加到路径：同时选中文本和路径，使用菜单"文本"—"附加到路径"，即可将文本沿路径排列。使用"文本"—"从路径分离"，即可将路径从文本中分离出来。

利用"指针"工具▲或"部分选定"工具 ▲ 双击路径文本对象即可编辑文本，绘制路径时的顺序决定了附加在该路径上的文本的方向。

当需要对文本进行艺术化处理时，可先将文本转化为路径，然后就像对待矢量那样编辑形状。选定文本，使用菜单"文本"—"转换为路径"命令，此时文字将被转换成组合路径，而失去文本的编辑性。文字被转成组合路径后可以使用"部分选定"工具拖动文字上的路径节点改变字符的形状。将该组合路径使用"修改"—"取消组合"命令，把字符作单个独立的路径进行拆分。

注意：将文本附加到路径后，该路径暂时失去笔触、填充和效果属性，应用的笔触、填充和效果属性都将应用到文本上。

【例 8.1】制作文字在画面上作曲线运动的动画效果。

（1）在 Fireworks 8 中新建一个大小为 400px×100px(表示 400 像素×100 像素，余同)的画布，颜色为白色。

（2）选择"文本"工具，在画布上输入"欢迎浏览我的网页"，在"属性"面板上设置字体为"宋体"，颜色为黑色。

（3）选择"直线"工具，按住 Shift 键，绘制一条直线，在"属性"面板中设置笔触颜色为蓝色，填充颜色为无。

（4）选择"钢笔"工具，在直线上单击几个节点，选中节点拖动鼠标改变曲线度。选择其他工具结束钢笔的使用。

（5）按住 Shift 键，同时选中文本和路径，使用菜单"文本"—"附加到路径"， 将文本附加到路径上。

（6）利用"帧"面板的右上角"选项"菜单中的"重置帧"命令，重置 10 帧。

（7）选中"帧"面板中的"帧 2"，在画布中选中文本，在"属性"面板中的"文本偏移框"文本偏移: 170 中输入数值后单击文本，否则文本偏移设置无效。依次选中后面的帧，依次设置文本偏移。

182

注意：文本偏移值的大小决定帧与帧之间，文本偏移的距离。

（8）选中第 1 帧，按住 Shift 键选中所有的帧，双击"帧延时"，输入数值，单击画布底端的"播放" ▷ 按钮，预览文字沿曲线运动的效果。

注意："帧延时"数值的大小决定运动文字的播放速度。

（9）使用"文件"—"图像预览"，在格式下拉列表框中选择"Gif 动画"，单击"导出" 导出(E)... 按钮将文件导出 Gif 动画，如图 8.5 所示。

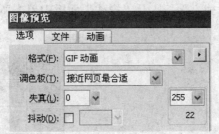

图 8.5　"图像预览"对话框的设置

浏览结果如图 8.6 所示（见电子素材库）。

图 8.6　文字在画面上做曲线运动的动画

注意："Gif 动画"格式的图形保存了文字的运动效果，如果是 Gif 格式，保存的是静态图形。

【例 8.2】使用 Fireworks 8 将文字转为路径。

Fireworks 中可以把文字转变为路径，然后按矢量路径般对其进行操作，但无法再将它作为文本编辑。

（1）在选中文本后单击"文本"—"转换为路径"命令，此时文字将被转换成组合路径，如图 8.7 所示。

图 8.7　将文字转换成组合路径

（2）文字被转成组合路径后可以使用"部分选定"工具拖动文字上的路径节点改变字符的形状，如图 8.8 所示。

图 8.8　改变字符的形状

（3）将该组合路径使用"修改"—"取消组合"命令，把字符作单个独立的路径进行拆分，如图 8.9 所示。

5．使用样式

样式就是存储了描边、填充和效果以及一些文本属性等信息的集合。

在图形绘制中，除了使用特效为图形制作各种效果外，还可以使用"样式"面板中 Fireworks 提供的 30 个样式。样式的使用非常简单，只需将对象选中，使用菜单"窗口"—"样式"，打开"样式"面板。从"样式"面板中单击所要使用的样式即可，如图 8.10 所示。

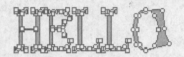

图 8.9　拆分字符

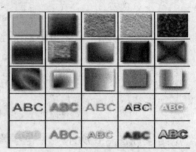

图 8.10　"样式"面板

样式就是使用一些特效设计出来后，被保存起来的"组合特效"。这样将样式应用于对象，使用起来更简便、更直观。

"样式"面板中有一些用 ABC 表示的文字样式，是为文字设计而用的。在选中文字后直接单击文字样式即可为文字添加效果。在画布上输入文字，可以给每个文字应用 ABC 表示的文字样式中不同的样式，效果如图 8.11 所示。

图 8.11　单个字符运用不同样式的效果图

虽然文字样式主要是为文字设计的，但图形对象也可以使用。在画布上绘制一个椭圆，应用 ABC 表示的文字样式中的 ，效果如图 8.12 所示。

图 8.12　 运用到图形的效果图

新建样式：为图形对象添加好各种特效或样式后，单击"样式"面板右下角的"新建样式"按钮，即可将该对象当前所用到的所有样式或特效保存为一个新的样式，方便以后反复使用。例如：在画布上绘制一个圆，在"新建样式"对话框的"名称"栏里输入新建样式的名称 A。而在"名称"栏下方对不同属性的设置来修改样式的效果；同时会在左边的预览窗口中显示设置的效果图。单击"确定"按钮后，新建立的样式会被添加到"样式"面板中 。效果如图 8.13 所示，参数设置如图 8.14 所示。

图 8.13　自定义的样式 A 运用到椭圆上的效果

图 8.14　样式 A 的参数设置

　　"样式"面板列表：单击"样式"面板右上角的按钮，即可弹出"样式"面板的下拉列表，如图 8.15 所示。

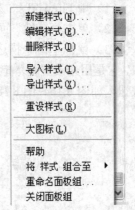

　　对已建立的样式进行编辑时，双击该样式或单击"样式"面板右上角下拉列表，从中选择"编辑样式"选项。

　　编辑样式：选择该项后会弹出"编辑"对话框，在该对话框中可重新对所选样式进行相关属性的修改。

　　删除样式：将所选的某个样式进行删除。或单击"样式"面板右下角的"删除样式"按钮。

　　导入样式：可从外部引入 STL 格式的样式文件，但当前所用的样式将会被全部替换掉。

　　导出样式：将当前的样式面板输出成一个 STL 格式的样式文件。

图 8.15　"样式"面板选项

　　重设样式：恢复样式面板中默认的 30 个样式，但新建立或导入的样式会被删除。

　　大图标：把样式的缩略图以大图显示。

8.2.2　颜色、笔触和填充

　　（1）颜色的基本概念：颜色就是物体反射光线进入人眼后在人脑中产生的映像。

（2）计算机的颜色模型：颜色由三种基本色：红色、绿色和蓝色组合而成。这种基于三原色的颜色模型称做 RGB 模型。

（3）颜色的表示方式：在计算机世界中，颜色有多种表示方法。在 HTML 语言里，通常使用十六进制的形式表示颜色。颜色的十六进制数值按照 RGB 的顺序排列。成为 RRGGBB 的形式，如#FFEECC。

（4）选取颜色的方法：

① 从颜色井中选择颜色。

② 从样本面板中选择颜色。

③ 利用滴管工具提取颜色。

④ 使用颜色混合器。

（5）扩展笔触：可以将所选路径的笔触转为封闭路径。使用菜单"修改"—"改变路径"—"扩展笔触"，在弹出的"展开笔触"对话框中设置最终封闭路径的宽度，并指定转角的类型，选择结束端点选项后单击"确定"按钮即可。

（6）"填充面板"用于控制绘制图象的内部。填充可以是纯色、渐变色、图像、纹理或者 Web 抖动处理颜色。所有的填充都可以应用不同强度的纹理，纹理强度的变化是无级连续的，而且可以有透明效果。

（7）路径的混合包括联合、交集、打孔和裁切操作。

联合：联合路径是指将多个路径对象混合后，以所有对象的外部轮廓作为新路径对象的轮廓。可使用菜单"修改"—"组合路径"—"联合"。

交集：可以通过两个或多个对象的交集创建对象，形成一个包围所有选定对象共有区域的封闭路径。

【例 8.3】利用 Fireworks 8 笔触绘制飘逸的白云。

（1）用 Fireworks 8 左侧工具栏的"直线"工具在画布上任意绘制一条直线。

（2）单击"属性"面板上的线条颜色，选择近似浅绿色系的#99FFFF。

（3）鼠标单击"描边种类"下拉框中的"笔触"选项，之后会弹出"笔触"选项窗口，它是用来设置基本笔触效果的，单击这个窗口最下方的"笔触选项…"中的"高级…"按钮，如图 8.16～图 8.18 所示。

图 8.16　线条像素与描边种类

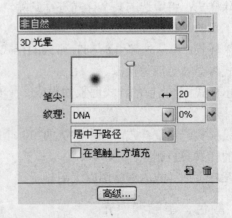

图 8.17　描边种类的"高级选项"

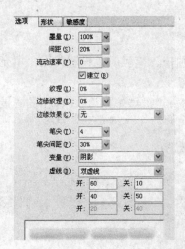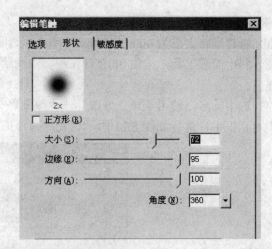

图 8.18 "高级选项"对话框

（4）"编辑笔触"—"敏感度"，只要设置"离散"和"色相"就可以了，其他数值为 0。"离散"和"色相"的具体数值如图 8.19 所示。

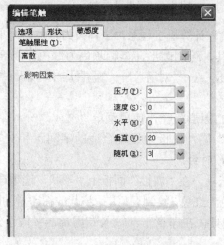

图 8.19 设置敏感度的值

（5）但感觉这个云还缺少层次感，给每朵云上都加个阴影。在"滤镜"列表中加上"阴影"效果，数值如图 8.20 所示。

图 8.20 阴影效果设置

（6）打开笔触选项窗口下方的按钮 ⊞ 保存。

注意：笔触选项中的边缘值最好定义为 95～100，边缘代表着笔触边缘的柔化程度。

【例 8.4】 制作计算机工程系的印章。

（1）新建画布大小为 400px×400px，颜色为透明。

（2）利用椭圆工具，按住 Shift 键在画布中间绘制圆形，笔触颜色设置为无，填充颜色为红色。

（3）选中圆形，使用菜单"修改"—"改变路径"—"扩展笔触"，在弹出的"展开笔触"对话框中，进行如图 8.21 所示设置，圆形扩展为圆环。

图 8.21　"展开笔触"对话框

（4）选择文本工具，输入计算机工程系，字体设为宋体，大小为 30，填充颜色为红色。

（5）选择"椭圆"工具，绘制圆形，笔触颜色为红色，填充颜色为无，按住 Shift 键选中两个圆形，使用"修改"—"对齐"—"垂直居中"和 "水平居中"，使两个圆成为同心圆。

（6）选择文本和较小的圆形路径，使用菜单"文本"—"附加到路径"，使文本附加到圆形路径上。在"文本"属性面板中设置合适的字间距和文本偏移量。文本偏移量的值为负数时，旋转方向是顺时针。

（7）选择"多边形"工具，在"属性"面板上"形状"选项选择"星形"，"边"设置为 5，笔触颜色为无，填充颜色为红色，绘制五角星。将其放在印章的圆心位置，如图 8.22 所示。

（8）选择"文本"工具，在印章下部输入专用章，字体设为宋体，大小为 20，填充颜色为红色。

（9）使用菜单"选择"—"全选"，再使用"修改"—"组合"。画布中的对象成为一个整体，使用"指针"工具，调整到合适的位置。

注意：可以利用按住 Shift 键，将画布中的图形同时选中。

（10）使用菜单"文件"—"保存"，如图 8.23 所示（见电子素材库）。

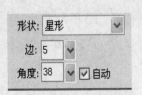

图 8.22　"属性"面板

图 8.23　计算机工程系的印章

188

8.2.3 对象操作与编辑位图

1. 对任何对象执行操作之前，必须先选择该对象。使用选择工具既可以选择单个对象，也可以选择多个对象。选择对象后，就可以对其进行移动、删除、克隆、对齐、变形等操作。

"指针"工具 ：单击该工具后再单击一个对象或在多个对象周围拖动鼠标框可选中这些对象。

"部分选定"工具 ：用于选择和移动路径，修改矢量对象上的节点，选择组内的个别对象。

"选择后方对象"图标 ：用于选择被其他对象隐藏或遮挡的对象。

"编辑"—"克隆"可以制作出完全相同的新对象，新对象成为当前选中对象，新对象位于原对象上方，必须将新对象移开才可以看到复制效果。

"编辑"—"重置"可制作出完全相同的新对象，新对象位于当前对象的右下方。

变形对象的操作主要是使用"缩放"、"倾斜"和"扭曲"工具按钮，或是在"修改"菜单中选择"变形"命令。"缩放"用于放大、缩小和旋转对象。"倾斜"用于将对象沿指定的轴进行倾斜。"扭曲"用于拖动变形手柄移动对象的边或角，使对象产生不规则的变形。

2. 可以使用工具箱中的各种位图工具绘制和编辑位图对象。

"铅笔"工具 ：和使用真正的铅笔工具绘制硬边直线或自由曲线相似，拖动鼠标以单像素宽度绘图，在"铅笔"的属性面板上可以设置工具选项。

"刷子"工具 ：使用"笔触颜色"框中的颜色绘制刷子笔触，或使用"油漆桶"工具将所选像素的颜色更改为"填充颜色"框中的颜色。

"橡皮擦"工具 ：用于擦除所选位图对象或像素选区中的像素。在其"属性"面板中设置橡皮擦的大小、形状等。

"滴管"工具 ：用于从图像中选取颜色来指定一种新的笔触颜色或填充色。

"模糊"工具 ：用于降低像素之间的反差，使图像产生模糊效果。

"锐化"工具 ：用于加深像素之间的反差，使图像更加锐化。

"减淡"工具 和"烙印"工具 ：都是用来减淡或加深图像的局部区域，经过部分暗化和亮化，来改善曝光效果。

"橡皮图章"工具 ：用来克隆图像的部分区域，以便将其压印到图像中的其他区域。

"替换颜色"工具 ：选取一种颜色，可以在这处颜色的范围内，用另外的颜色覆盖此颜色进行绘画。

"红眼消除"工具 ：仅对照片的红色区域进行绘画处理，并用灰色和黑色替换红色。

8.2.4 图像的效果处理

1. 蒙版

蒙版又称为遮罩，是一种由最上层对象为下层对象提供外形，而下层对象为最上层对象提供色彩的图像处理效果。因此，把最上层对象称为"蒙版对象"，而下层对象则称为"被蒙版对象"。矢量和位图对象都可以成为蒙版对象或被蒙版对象。

（1）比较常用的一种蒙版效果：先在工作区中引入一张图像，然后在图像上面画一个"矢量椭圆"，然后按 Shift 键同时选中这两个对象，使用菜单"修改"—"蒙版"—"组合为蒙版"命令，两个对象就被组合为蒙版图形了。

用鼠标拖动蒙版图形的蓝色中心点即可移动下层的被蒙版对象，效果如图 8.24 所示。

两个对象被组合为蒙版后会淡化显示两对象的重叠部分。而淡化的程度由蒙版对象和背景色之间的明暗关系来决定。色彩越明亮，淡化度就越小，蒙版对象也就越清晰。

在"层"面板中，两个对象被组合成蒙版后，就成了一个蒙版图形，被组合在同一个对象层里，如图 8.25 所示。

图 8.24

图 8.25

用鼠标单击这一对象层的被蒙版对象时，该对象外围会出现一个蓝色边框。如果被蒙版对象是位图时，则可以用各种位图工具对该被蒙版对象进行编辑；如果被蒙版对象是矢量图时，则可用各种矢量工具对其进行编辑或修改。

对于蒙版图形，使用菜单"修改"—"蒙版"—"禁用蒙版"命令时可暂时取消蒙版效果。同时在"层"面板中也可以看到，蒙版图形中的蒙版对象被禁用，如图 8.26 所示。

此时使用菜单"修改"—"蒙版"—"启用蒙版"命令时，又可恢复原来的蒙版效果。

（2）要删除蒙版效果时，可使用菜单"修改"—"蒙版"—"删除蒙版"命令。此时会弹出一个对话框，如图 8.27 所示。

图 8.26

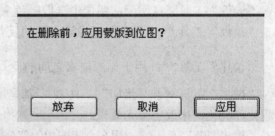
图 8.27

选择"应用"时，将保留蒙版图形为独立的位图图形，但蒙版图形不再可以被编辑。

选择"放弃"时将会删除蒙版图形中的蒙版对象，只还原被蒙版对象。

当要恢复蒙版图形时只需单击菜单栏上的"修改"—"取消组合"命令，即可把蒙版图形中的蒙版对象和被蒙版对象进行分离还原。

【例 8.5】利用蒙版制作艺术相框。

（1）新建画布大小为 400px×400px，颜色为透明。

（2）导入图片，修改图片的大小（小于画布）。

（3）利用"矩形"工具，在"属性"面板上设置"笔触颜色"为蓝色、"笔触大小"为20、"笔触方式"为"有毒废物"，绘制一个矩形。

（4）取消所有选中的图形，"笔触颜色"设为无、"填充颜色"为白色，绘制一个矩形。

（5）按 Shift 键，选中"位图"和"白色"矩形，使用菜单"修改"—"蒙版"—"组合蒙版"。

（6）使用菜单"文件"—"导出"，如图 8.28 所示。

【例8.6】利用文字制作蒙版。

（1）新建画布大小为 400px×400px，颜色为透明。

（2）导入图片，转化为图形元件。

（3）输入文字"你好"，大小和图片大小一样。

（4）按 Shift 键，选中"位图"和"文字"，选择"修改"—"蒙版"—"组合为蒙版"。

（5）使用菜单"文件"—"保存"，如图 8.29 所示（见电子素材库）。

图 8.28　艺术相框效果图

图 8.29　文字制作蒙版的效果图

2. 滤镜

可以为图像添加各种滤镜效果。

调整颜色类滤镜：主要应用于调整位图图像的颜色。

模糊类滤镜：主要是使图像看起来更朦胧一些。

模糊：可以柔化所选像素的焦点。

运动模糊：产生图像正在运动的视觉效果。

放射状模糊：产生图像正在旋转的视觉效果。

缩放模糊：产生图像正在朝向或远离观察者移动的视觉效果。

3. 特效

（1）特效的应用范围：应用于矢量对象、位图图像和文本的增强效果。

（2）特效的添加方法：需先选中需要添加特效的对象，单击"属性"面板中的"添加效果" 按钮，在弹出的菜单中选中需要添加的特效名称，随后在相应的特效参数栏中设置特效参数。

【例8.7】制作动态模糊文字。

（1）画布大小为 800px×600px，背景颜色为白色。

（2）输入文字"欢迎光临"，大小为 95。

（3）在"帧和历史记录"面板中单击"新建"—"重置帧"按钮，新建 10 个帧。

（4）在"帧 1"中选中文字，执行"滤镜"—"模糊"—"放射状模糊"，系统提示

"此操作将矢量转换成位图"—"确定"—"放射状模糊"—"设定数量为100，品质为30"—"确定"。

（5）按照同样的方法设置帧2至帧6中的"放射状模糊"数量分别为80、60、40、20和0，"品质"为30。

（6）在帧7中选中文字，执行"滤镜"—"模糊"—"运动模糊"，弹出"运动模糊"，"设置角度为0，距离为1"—"确定"。

（7）按照同样的方法设置帧8至帧10，"运动模糊"距离分别为10、20、30，角度为"0"。

（8）设定帧7至帧10，透明度（Alpha）分别为80、40、10和0。

注意：一定要选中层中的位图，否则会出错。

（9）使用菜单"文件"—"保存"，如图8.30所示（见电子素材库）。

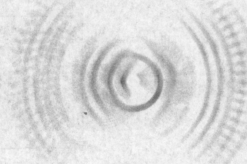

图8.30　动态模糊文字的效果图

【例8.8】文字特效。

（1）画布大小为400px×400px，背景颜色为白色。

（2）输入文字"人生"，颜色为红色。

（3）选中文字，执行"滤镜"—"斜角和浮雕"—"内斜角"。

（4）执行"滤镜"—"调整颜色"—"曲线"，在曲线上增加节点，改变曲线的弧度。

（5）执行"滤镜"—"调整颜色"—"色相"—"饱和度"。

（6）使用菜单"文件"—"保存"，如图8.31所示。

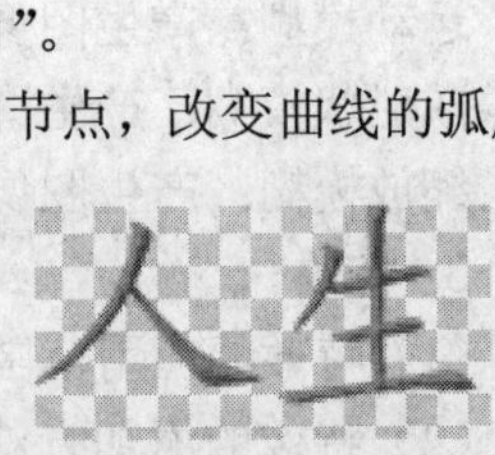

图8.31　文字特效的效果图

【例8.9】制作春雨绵绵效果。

（1）画布大小为400px×250px，背景颜色为白色。

（2）导入一张图片，在"属性"面板修改宽和高分别为400px和250px，使用"指针"工具调整图片和画布对齐。

（3）在"层"面板中单击"新建"—"重制层"按钮，在风景图片上方新建一层。然后使用工具在该层中绘制一个和风景图片一样大的矩形，并且将矩形填充为黑色。

（4）在"帧和历史记录"面板中单击"新建"—"重制帧"按钮新建3帧，将背景的风景图片与矩形分别复制到每一帧中。

（5）回到帧1中，单击矩形所在层，选中矩形，然后执行"滤镜"—"杂点"—"新增杂点", 设置参数为 300。

（6）回到帧 1 中，单击增加完杂点的矩形，然后执行"滤镜"—"模糊"—"运动模糊"，设置参数为 50 和 16。

（7）在层面板中，设置第一帧中矩形所在层的"透明度"为 10%。

（8）在后面的几帧中分别重复第 5 步、第 6 步和第 7 步，"透明度"分别设为 20%、30% 和 40%。

（9）选择第 1 帧，按住 Shift 键选中所有的帧。双击"帧延时"，修改为 20。

（10）使用菜单"文件"—"图像预览"，格式为 GIF 动画，如图 8.32 所示。

图 8.32　春雨绵绵效果图

8.3　使用 Fireworks 8 创建 Web 对象

8.3.1　制作 GIF 动画

1. 认识 Fireworks 8 图层面板

1）选中图层

在图层面板上，单击要选中的图层名称，即可选中该图层且此图层名称会在图层面板上高亮显示。

在文档窗口中，选中位于该图层上的任意对象，即可选中该图层。

2）复制现有图层

选中要复制的图层，单击图层面板上的复制图层命令，这时会弹出一个对话框，点击"确定"按钮。

选中要复制的图层，将该图层拖到"新建/复制图层"按钮上，即可复制该图层。新的图层将出现在该图层上方。

3）改变图层的重叠顺序

在图层面板中，选中要改变重叠顺序的图层。

将该图层拖动到需要的位置上，这时目标位置会出现一个闪烁黑条，释放鼠标，即可将该图层移到相应的位置上。

4）在图层中复制或移动对象

在文档窗口中，选中要复制的对象，这时在图层面板该对象所在的图层项的右方选择列上，会出现一个蓝色的矩形▧。

如果要复制对象，按住 Alt 键，然后拖动到目标图层项的选择列上。

如果要移动对象，直接将蓝色的矩形▧拖动到目标图层项的选择列上。

5）图层的"锁定/解锁"

通过图层锁定，可以保证该图层上所有的对象不被错误地编辑，同时图层上所有的内容仍然显示在文档窗口。

在图层面板上的"锁定/解锁"列上，显示有图层的"锁定/解锁"状态。

"锁"表明图层是锁定的，其上的内容不可编辑。

无"锁"表明图层是显示的，则可以编辑其上的内容。

6）在所有帧中共享图层

在每个图像帧中都建一个图层，其中放置背景图像。

建立一个图层，其中放置背景图像，然后将该图层在所有帧中共享。

2．动画概述

在 Fireworks 8 中，利用强大的图像处理能力，可以构建多种复杂的动画，例如，通过连续帧的内容，可以使一个对象呈现出横越画布、逐渐变大或变小、淡入淡出等效果。通过将动画和轮替行为结合起来，可以获得一些特效。例如，将鼠标指针移到某个图像上时，动画开始播放，将鼠标指针离开某个图像时，动画停止播放。利用这些技术，可以使网站更加出色。

3．规划动画

（1）明确动画内容：必须先明确动画用于表现什么内容，然后确定动画图像中需要出现的对象和其他元素。

（2）规划帧：了解了需要描述的内容之后，就需要确定在动画中运用多少帧数。帧的数目越多，图像就越大；帧的数目越少，图像就越小；因此，应该在确保合理描述动画内容的前提下，尽量减少帧的数目。

合理权衡图像大小、图帧数目和动画的流畅程度，是构建动画中最难以决定的事情。

（3）确定动画的播放速度：动画的播放速度不仅决定了动画的流畅程度，而且对动画表现力的影响也非常大。在两帧之间的显示速度并不是固定的，而是可以改变的。如果希望将某个画面着重显示，应该将该画面的显示时间加长，否则，图像只是一晃而过，就达不到突出主题的效果。

（4）合理使用图层：将图层和帧结合起来，可以更好地进行图像编辑操作。如果在文档中设置了多个图层，则相应的图层会出现在每个帧上。

（5）管理帧：添加空白帧、复制现有帧、改变帧的顺序和删除帧。

添加空白帧：单击"帧"面板底部的"新建重制帧"按钮▣。

复制现有帧：单击"帧"面板选项菜单中的"重制帧"，输入要为所选帧创建的副本数，选择插入"重制帧"的位置。当希望对象在动画的其他部分重新出现时，可以使用"重制帧"。

改变帧的顺序：可将帧依次拖到列表中新的位置。

删除帧：单击"帧"面板选项菜单中的"删除帧"或单击"帧"面板中的"删除帧"按钮 ⬛。

（6）在帧中编辑对象：在帧之间复制或移动对象。

分发到帧：如果在一个帧中绘制了多个对象，可以利用分发到帧的操作，将这些对象分别放入不同的帧内。在文档中选中要分发到不同帧中的多个对象，在"帧"面板上，单击"分发到帧"按钮即可。

（7）控制动画：设置动画的循环播放次数和控制帧延迟时间。

No Looping：不循环播放动画，即动画图像在网页中被载入时只播放一次。

永远：直到用户离开该页面，才停止播放。

选择具体的数字：按"指定的播放次数+1"进行播放。

（8）导出动画。

优化动画 GIF 图像：优化动画 GIF 图像同优化普通图像在技术方面没有什么差别，差别只在于它必须从优化面板上将文件格式选择动画 GIF，否则生成的就是普通的图像文件。

控制帧是否被导出：在帧面板中，单击延迟时间，弹出对话框设置延迟时间；"导出图像时包括该帧"是否选中决定控制帧是否被导出。

4．编辑元件

Fireworks 8 提供 3 种类型的元件：图形、动画和按钮。如果希望在文档中重复使用某些图形，可将该图形创建为元件。

1）创建元件

使用菜单"编辑"—"插入"—"新建元件"或在"库"面板中使用"新建元件"，弹出如图 8.33 所示的对话框，在"元件属性"对话框中输入元件的名称并选择元件类型，点"确定"按钮。

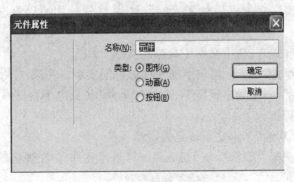

图 8.33 "元件属性"对话框

从所选对象中创建新元件，可在选择对象后使用菜单"修改"—"元件"—"转换为元件"，在"元件属性"对话框中输入元件的"名称"并选择元件类型，点击"确定"按钮。

2）编辑元件

如果要编辑元件，双击某个实例或选择某个实例后使用菜单"修改"—"元件"—"编辑元件"。

如果要重命名元件，在"库"面板中双击元件的名称或在"库"面板中选择某个元件后，在"库"面板的选项菜单中选择"属性"，在"元件属性"对话框中更改元件的名称。

3）编辑实例

编辑当前实例，需要断开实例与元件之间的链接，可选择实例，再使用"菜单"—"修改"—"元件分离"，所选实例随即变为一个独立对象，"库"面板中的元件与该对象没有任何关联。此后，对该元件所做的任何编辑都不会反映在分离的实例中。

4）导入、导出元件

使用菜单"编辑"—"库"，选择相关的库，打开"导入元件"对话框，选择需要导入的元件，单击"导入"按钮，导入的元件便出现在"库"面板中。

如果希望文档中编辑的元件保存以便以后重新使用，可以在"库"面板的"选项"菜单中选择"导出元件"，按对话框的提示保存即可。

5）"动画"对话框选项的相关说明

帧：表示在动画中包含的帧数，可以拖动滑块设置；移动：表示每个对象移动的距离（以像素为单位）；方向：表示对象移动的方向（以度为单位）；缩放：表示从开始到完成大小变化的百分比；不透明度：表示从开始到完成不透明度变化的程度；旋转：表示从开始到完成元件旋转的数量（以度为单位）；顺时针和逆时针：表示对象的旋转方向。

运动路径上的绿点表示起始点，红点表示结束点。路径上的蓝点代表帧。

【例 8.10】逐字显示。

（1）画布大小为 400px×300px，背景颜色为白色。

（2）在画布中使用文本工具输入文字"欢"，在文字上使用鼠标右键单击，选择"转换为元件"，将文字转换为图形元件。

（3）在画布上同时拖两个相同的元件，按住 Shift 键分别单击这两个元件实例，选中这两个实例，使用菜单"修改"—"元件"—"补间实例"，在弹出的"补间实例"对话框的"步骤"文本框中输入"2"，选中"分散到帧"复选框，单击"确定"按钮。

（4）新建一个空白帧，使用文本工具输入文字"迎"。

（5）重复第二步与第三步，将剩下的元件做补间实例。完成"欢迎光临"逐个显示。

（6）使用"文件"—"导出预览"—"Gif 动画"（见电子素材库）。

【例 8.11】电光掠影。

（1）输入文字"欢迎"，将文字转化为图形元件。

（2）选中帧 1，选择"编辑"—"插入"—"新建元件"，在弹出的对话框中选择"动画"。

（3）利用"矩形"工具 ![] 绘制矩形，填充颜色设置 #99CC33，在"属性"面板上设置"边缘"—"羽化"，"纹理"—粒状"，如图 8.34 所示。

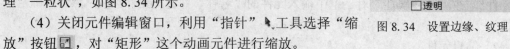

图 8.34　设置边缘、纹理

（4）关闭元件编辑窗口，利用"指针" ![] 工具选择"缩放"按钮 ![] ，对"矩形"这个动画元件进行缩放。

（5）利用"部分选定"工具 ![] ，选中该动画元件，鼠标右击，选择"动画"—"设置"，弹出如图 8.35 所示的对话框，进行相应的设置。

图 8.35 "动画"对话框

（6）利用元件上出现的红色的点·，拖动运动的位置。

（7）使用菜单"文件"—"图像预览"—"Gif 动画"，如图 8.36 所示（见电子素材库）。

图 8.36 电光掠影效果图

8.3.2 切片和热点

切片就是将一幅大图像分割为一些小的图像切片，然后在网页中通过没有间距和宽度的表格重新将这些小的图像没有缝隙地拼接起来，成为一幅完整的图像。这样做可以减低图像的大小，减少网页的下载时间，并且能创造交互的效果。

1. 切片在网页制作中的作用

在网页上的图片较大的时候，浏览器下载整个图片需要花很长的时间，切片的使用使得整个图片分为多个不同的小图片分开下载，这样下载的时间就大大地缩短了，能够节约很多时间，在目前互联网带宽还受到条件限制的情况下，运用切片来减少网页下载时间而又不影响图片的效果。

制作动态效果：利用切片可以制作出各种交互效果。

优化图像：完整的图像只能使用一种文件格式，应用一种优化方式，而对于作为切片的各幅小图片就可以分别对其优化，并根据各幅切片的情况还可以保存为不同的文件格式，这样既能够保证图片质量，又能使图片变小。

创建链接：切片制作好之后，就可以对不同的切片制作不同的链接了。而不需要在大的图片上创建热区了。

切片的类型：矩形和多边形。

2. 创建切片

如果是基于对象插入切片，可以使用菜单"编辑"—"插入"—"切片"。

如果是从矢量路径创建切片，可选择一个矢量路径，使用菜单"编辑"—"插入"—"热点"，再使用菜单"编辑"—"插入"—"切片"，即可生成一个与该矢量对象形状一致的切片。

3. 编辑切片

如果要调整切片的大小，可选择"指针"工具 或"部分选定"工具 并放在切片引导线上，拖动切片引导线到所需位置，切片大小被调整，并且所有相邻的切片也会自动调整大小。

如果要编辑所选切片的形状，可选择"指针"工具 或"部分选定"工具 ，然后拖动切片的角点修改其形状，或者使用变形工具来执行所需的变形。

默认情况下热区是透明的绿色，如果需要改变热切片的颜色，在切片的"属性"面板中的切片颜色框中 选择所需要的颜色即可。

在切片的"属性"面板中，"类型栏"的下拉菜单中有"图像"和"HTML"两项，选择"图像"会出现如图 8.37 所示的面板。

图 8.37 切片的"属性"面板

在弹出的窗口中为切片创建一个文本链接 http://www.baidu.com，"替代"框中设置"百度"，"目标"设置为"-blank"。

4. 导出切片

在属性面板中通过向切片指定链接和目标来使它们具有交互效果，可以指定图像正在载入时浏览器中显示的替代文本，还可选择一种导出文件格式来优化所选切片。

使用菜单"文件"—"导出"后单击导出对话框中的"选项"按钮进行相应的设置。

导出切片的具体步骤如下：

（1）打开切片图像。

（2）使用"文件"—"导出"，会弹出"导出"对话框，如图 8.38 所示。

图 8.38 "导出"对话框

文件名：输入导出文件的名称。

导出：选择输出文件的保存格式。默认情况下是以 HTML 格式输出。

HTML：导出成 HTML 文件和把制作内容以 GIF 图像格式复制到剪贴板中。

切片：可以选择是否导出切片。在切片下拉列表中有三个选项：导出切片、无和沿引导线切片。

① 导出切片：表示根据切片对象导出多个切片文件。

② 无：表示不生成切片文件，只是将文件导出为一个图像文件。

③ 沿引导线切片：表示依据文件中现有切片向导导出切片。

另外，如果只希望导出一部分切片，只需要选中所需要导出的切片，右击鼠标在快捷菜单中选择"导出所选切片"即可。

仅已选切片：只导出事先被选取的切片。

仅当前帧：当制作对象有多个帧数时，可以事先选中某帧进行单独导出。

包括无切片区域：选择是否将无切片区域一起导出。

将图像放入子文件夹：可选择是否把导出的 HTML 文件与图片一起放在一个文件夹内。单击下面的"浏览"按钮可为图片选择一个子文件夹进行保存。

一般情况下：导出切片时都会将包括无切片区域和将图像放入子文件夹选中。这样保证了切片的完整性；即使是空白的切片也需要保留，以便对切片进行修改。将图像放入子文件夹中是便于对切片和文件进行管理。

5. 行为手柄

选定切片时，一个带有十字的圆圈 出现在切片的中央。

6. 使用"行为"面板添加交互

使用菜单"窗口"—"行为"，单击"行为"面板中的"添加行为"按钮选择要添加的行为，设置该行为的参数，如图 8.39 所示。

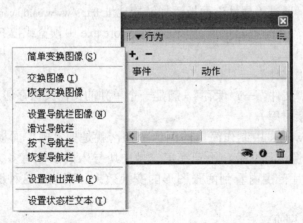

图 8.39 "行为"面板

7. 热点的类型

矩形、圆形和多边形。

8. 创建热点

使用菜单"编辑"—"插入"—"热点"。

9. 编辑热点

热点是网页对象，可选择"指针"工具 ▶ 或"部分选定"工具 ▶ 对其进行编辑。

使用"属性"面板或"信息"面板，以数字方式更改热点的位置和大小。

如果将所选热点转换为矩形、圆形和多边形热点，可在"属性"面板的"形状"下拉列表框中选择"矩形"、"圆形"和"多边形"。可以使用"属性"面板向热点指定链接、替代文目标和定义名称。

10. 图像变换技术

当鼠标移动到某图像或按钮上时，会显示另一个图像。在 Fireworks 中，图像变换的制作原理就是使"帧"面板中某帧中的图像与来自任何帧的图像进行交换，从而达到在网页浏览时产生图像变换的效果。

【例 8.12】利用切片制作变换图像并创建链接到百度上。

（1）画布大小为 400px×300px，背景颜色为白色。

（2）导入一张图片，使用菜单"编辑"—"插入"—"切片"，绘制与图片大小形状一致的切片。

（3）选定切片，利用切片的行为手柄或行为面板创建变换图像的行为，从菜单中选择添加"简单变换图像"的行为，如图 8.40 所示。

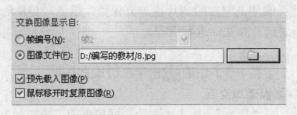

图 8.40　"简单变换图像"的行为

（4）选定切片，通过"属性"面板添加链接地址 http://www.baidu.com。

（5）"文件"—"在浏览器中预览"—在 iexplore.exe 中预览或按 F12 键在 IE 浏览器中预览。

（6）使用菜单"文件"—"导出"。

（7）使用菜单"文件"—"保存"（新建一个单独的文件夹保存切片及切片添加的行为链接等，见电子素材库）。

注意：在 Fireworks 中制作简单的图像变换，就是把"帧"面板中第 1 帧里的对象与第 2 帧中的图像进行交换。不管在第二帧中所导入的图像有多大，在网页浏览时也只能在相同的切片范围内看到两张图形的变换效果。因此，这种图像的变换又称为"相交变换"。

【例 8.13】交互网页。

（1）画布大小为 400px×300px，背景颜色为白色。绘制黑色的矩形后导入图片。

（2）在"层"面板选项上，将位图拖曳到最底层。用键盘上的方向键调整图片的位置，使矩形框和图片重合。

（3）在层面板上选中路径层，按住 Shift 键，选中位图和矩形，"修改"—"组合"—"蒙版"。

（4）使用菜单"修改"—"转化为图形"元件，按 Delete 键将该元件从画布中删除。

（5）重复前面的 4 步，分别制作两个元件。

（6）鼠标单击层 1 面板上右上角的选项，选择"共享此层"，设置此层为共享层。

（7）新建层，选中该层，打开帧面板，在画布的矩形内输入文字。

（8）使用菜单"新建"—"重制" 3 帧，分别将库面板上的三个元件拖入。

（9）在画布上分别绘制一个圆角矩形，使用菜单"编辑"—"克隆"两个圆角矩形，用"指针"工具拖放到合适的位置，输入文字。

（10）分别给画布上的四个对象添加切片。

（11）选中第一个圆角矩形，添加交换图像行为，在该对话框中选中目标切片（元件），帧编号中选帧 2。

（12）按照 11 步，分别给后面的两个圆角矩形，添加交换图像行为。在该对话框中选中目标切片（元件），帧编号中分别选帧 3 与 4。

（13）"文件"—"在浏览器中预览"—在 iexplore.exe 中预览或按 F12 键在 IE 浏览器中预览。

（14）使用菜单"文件"—"导出"。

（15）使用菜单"文件"—"保存"。交互效果如图 8.41 和图 8.42 所示（见电子素材库）。

图 8.41　第 2 帧界面

图 8.42　第 3 帧界面

8.3.3　制作按钮和弹出菜单

1. 创建按钮元件

按钮是网页的导航元素，可以创建新按钮，也可以将现有对象转换为按钮，或者导入已创建好的按钮。

按钮有 4 种不同的状态：每种状态都表示该按钮在响应鼠标事件时的外观。

（1）弹起：按钮的默认外观或静止时的外观。

（2）滑过：当指针滑过按钮时该按钮的外观，此状态提醒用户单击鼠标时很可能会引发一个动作。

（3）按下：表示单击后的按钮，按钮的凹下图像通常用于表示按钮已按下，此按钮状态通常在多个按钮导航栏上表示当前网页。

（4）按下时滑过：当用户指针将指针滑过处于"按下"状态的按钮时按钮的外观，此按钮状态通常表明指针位于多按钮导航栏中当前网页的按钮上方。

【例 8.14】利用 Fireworks 8 中的按钮创建简单的导航栏。

（1）画布大小为 400px×300px，颜色为白色。

（2）使用菜单"编辑"—"插入"—"新建或导入按钮"，弹出如图 8.43 所示的"按钮编辑器"窗口。

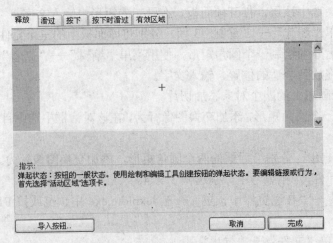

图 8.43　"按钮编辑器"窗口

（3）如果要创建"按下"状态，单击"按下"选项卡，单击"复制滑过时"的图形，利用"属性"面板对其进行编辑，依次可以设置"按下时滑过"。

（4）使用菜单"编辑"—"克隆"，利用鼠标将复制的按钮拖动到合适的位置。

（5）在"属性"面板上的"文本"选项修改按钮上的文字。

（6）单击活动区域选项卡，选择活动区域中的切片或热点，在"属性"面板的链接文本框内输入 url，如图 8.44 所示。

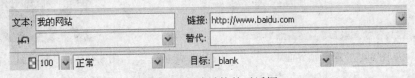

图 8.44　创建链接的对话框

（7）使用菜单"修改"—"对齐"。

（8）使用菜单"文件"—"保存"，如图 8.45 所示（见电子素材库）。

图 8.45　简单的导航栏效果图

2. 制作弹出菜单

利用 Fireworks 8 中的弹出菜单编辑器窗口，可以快速方便地创建垂直或水平弹出菜单。弹出菜单编辑器窗口中的"高级"选项卡可设置单元格间距和边距、文字缩进、单元格边框以及其他属性。

Fireworks 8 生成了在 Web 浏览器中查看弹出菜单所需的所有 JavaScript。在将包含弹出菜单的 Fireworks 文档导出为 HTML 时，同时会将一个名为 mm_menu.js 的 JavaScript 文件导出到与该 HTML 文件相同的位置。

在上传文件时，应该将 mm_menu.js 上传到与包含该弹出菜单的网页相同的位置。

当包含子菜单时，Fireworks 会生成一个名为 arrow.gif 的图像文件，该图像是一个出现在菜单项旁边的小箭头，告诉用户存在一个子菜单。无论包含多少个子菜单，Fireworks 总是使用同一个 arrow.gif 的图像文件。

【例 8.15】利用 Fireworks 8 制作弹出菜单，并将其运用到 Dreamweaver 中。

（1）确定网页中需要的导航栏大小及导航栏的长与宽。

（2）绘制矩形，利用切片将该矩形分割出多个小的矩形即单个导航按钮的大小。

（3）使用菜单"修改"—"弹出菜单"—"添加弹出菜单"。

（4）在"弹出菜单编辑器"窗口中进行编辑，如图 8.46 所示。

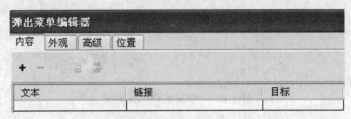

图 8.46　"弹出菜单编辑器"窗口

在"内容"选项卡中，单击"添加菜单项"或"删除菜单项"按钮，可在文本栏中加入或删除一个菜单项。

① 文本栏：输入弹出菜单中各选项的名称。

② 链接栏：输入菜单项所要链接的地址。如果链接的文件不是站点内的文件，必须使用绝对地址；如果是站点内的文件，使用文件名就可以。

③ 目标栏：选择链接对象在浏览器中的打开方式。一般情况下会使用-blank，即链接的文件在新的窗口打开，不影响原文件的浏览与编辑。

如果要把文本栏中某个菜单选项再设置为另一个菜单的下一级目录时，只需单击"缩进菜单"按钮即可。

在"内容"选项卡的设置完成之后，单击右下角的"继续"按钮，进入 "外观"选项卡，如图 8.47 所示。

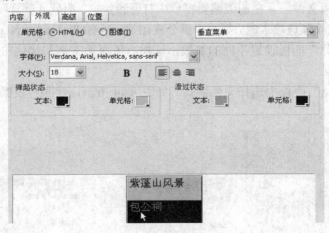

图 8.47　外观设置

单击"外观"按钮，设置菜单的外观（设置垂直或水平，设置字体，设置字号和设置文本颜色与按钮单元格颜色），选取"高级"选项，设置单元格的各属性，打开"位置"选项卡，单击所需要的位置按钮，单击"确定"按钮。

（5）修改弹出式菜单。单击要修改的按钮，双击"行为"面板上的"显示弹出式菜单"，打开"显示弹出式菜单"对话框进行修改，修改完毕单击"确定"按钮。

（6）按 F12 键预览。

（7）使用菜单"文件"—"导出"。

（8）在 Dreamweaver 中使用菜单"插入"—"Fireworks Html"，找到 E 图标的文件直接插入，如图 8.48 所示（见电子素材库）。

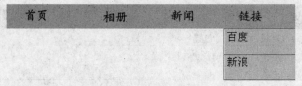

图 8.48 "弹出菜单"效果图

8.4 优化和导出

8.4.1 图像的优化

在 Fireworks 8 中，所有的优化操作都可以利用"优化"面板在工作环境中直接进行，优化设置仅用于输出图像。因此，用户可以自由地对图像进行优化并调整其优化设置，而不必担心会损坏原图。并且可以通过预览不同的优化结果，随时根据需要对图像进行修改。另一种简便快捷的优化方法是使用 Fireworks 的使用菜单"文件"—"导出"对话框在图像的导出时进行优化。设置好优化输出参数后，即可按照所做设置输出相关文件了。此外为了能够借助其他软件（如 Photoshop 等）继续处理文档，用户也可将文档以选定其他格式（如 PSD 等）输出。

1. 利用优化面板设置图像优化的步骤

（1）打开一幅文件，并在图像编辑窗口中打开预览、2 幅或 4 幅选项卡。

当选择 2 幅或 4 幅选项卡时，第一个拆分视图显示原始 Fireworks png 文档，其余的视图可以通过"优化"面板设置不同的参数，这样方便原始文档和优化的图像进行比较，也方便来回切换。

（2）在"优化"面板中选择文件格式，如图 8.49 所示，此时应根据文件类型选择不同的文件格式。

图 8.49 优化设置

如果图中有较多区域的颜色重复，则适于使用 GIF 格式。同时可相应地使用"抖动"来补偿因颜色减少而造成的图像质量下降。

对于 JPEG 格式，可使用"平滑"来使图像稍微模糊，从而减小图像大小，一般照片使用 JPEG 格式可能更好一些。

2. 优化方案的选择、设置以及增删

1）选择内置优化方案

在"优化"面板"设置"的下拉列表中，用户可选择系统内置的一些优化类型。在 Fireworks 8 中提供了 6 种优化方案，各优化类型的意义如下：

动画 GIF 网页 216：将所有颜色都转换为 216 种 Web 安全色。

动画 GIF 接近网页 256：将非 Web 安全色转换为最接近的 Web 安全色，调色板最多包含 256 种颜色。

动画 GIF 接近网页 128：将非 Web 安全色转换为最接近的 Web 安全色，调色板最多包含 128 种颜色。

动画 GIF 最合适 256：此时调色板只包含图形中使用的实际颜色，并且调色板最多包含 256 种颜色。

JPEG—较高品质：设置质量为 80、平滑度为 0，此时图像质量较高，但文件尺寸也较大。

JPEG—较小文件：设置质量为 60、平滑度为 2，此时文档尺寸比 JPEG—较高品质减少 1/2，但同时质量也将大幅度下降。

如果使用 GIF 或 PNG 格式，还应设置图像的透明颜色，Fireworks 8 共提供了三种透明模式供选择：不透明模式、索引色透明模式和 Alpha 透明模式，其中 Alpha 透明为通道透明色。

透明效果在 Firewoks 8 中以白色和灰色小方格相间的形式表示。

在不透明模式中，图像中未定义的地区以底色填充。

索引色模式指的是将调色板的某些颜色设置为透明色，图像中所有这些颜色的像素点都被作为透明点导出。

注意：当图像中本来有这种透明颜色的时候，有用的像素也被透明显示。要改变透明色的设置，最简单的方法是使用优化面板左下方三支吸管工具，其功能如下：

在预览区单击按钮 ：即可添加透明颜色。

在预览区单击按钮 ：即可移除透明颜色。

在预览区单击按钮 ：即可选择透明颜色。

2）用户自定义优化设置

如果用户不满足于以上 6 种内置方案，可以利用"优化"面板中的各种优化选项进行更精确的图像设置。

在"优化"面板中的文件格式下拉列表框中选择需要的文件格式，设置相应文件格式的具体化选项。根据需要在优化面板的快捷菜单中选择其他的优化设置。

3）保存和删除自定义优化方案

Fireworks 提供了保存优化方案的功能，允许用户将自定义的方案保存以备以后使用。在保存时，会将以下优化设置加以保存：

"优化"面板中的各项选项设置。

"颜色表"面板中的调色板。

用户在帧面板中对"帧延迟"进行设置。

用户可将自定义的优化方案保存为内置的方案。完成优化设置后，选中"优化"面板下拉列表中的"保存设置"，可以打开如图所示的"保存设置"对话框，键入用户自定义的设置名称，单击"OK"即可将自定义的优化方案保存起来。

如果不需要某个优化方案，可以在"优化"面板的优化方案列表中选择要删除的方案，然后从面板的快捷菜单中选择"删除设置"命令即可将方案删除。

8.4.2　图像的导出

在 Fireworks 中创建并优化图形后，用户可将该图形输出为常用的 Web 格式及供其他程序（如 Freehand）使用的向量图形格式。Fireworks 8 由于它是面向网络的特性，导出的形式不仅仅是图像，还包含各种链接和 JavaScript 信息完整的网页。由于图像的导出和优化将产生一个导出副本，因此是不会修改原图的。所以用户可以尝试在 Fireworks 中用一幅原图导出不同种类的许多图像。

导出预览：由于不同的图像格式使用的是不同的压缩方法，所以用户应该根据图像的设计目的和应用场合来决定使用哪种图像导出格式。只有通过比较鉴别才能突出不同图像格式的色彩和大小等特点。Fireworks 里提供了原图和比较不同的优化方式的效果的窗口即原始、2 幅模式和 4 幅模式。若比较一幅图像的 GIF 导出效果与原图的差别，可以使用 2 幅模式。若希望比较两三种格式或优化方式的优劣时，就可选择 4 幅模式。在 Fireworks 8 中，通过选择"文件"—"图像预览"菜单，可以打开如图 8.50 所示的"图像预览"窗口。它包含了两部分，左侧为参数设置部分，右侧为输出预览部分。

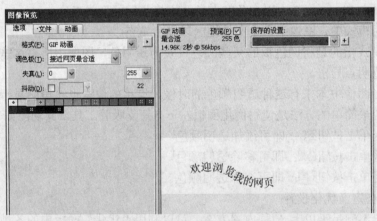

图 8.50　"图像预览"窗口

【例 8.16】制作文字在背景图上运动的 GIF 格式动画。

（1）画布大小为 400px×300px，背景颜色为透明色。

（2）使用菜单"文件"—"导入"，在打开的对话框中选择背景图片，单击"打开"按钮。

（3）鼠标移入画布，指针变为左上角折线形状，按下鼠标左键任意拖动。

206

（4）在"属性"面板上修改图片的宽和高，用"指针"工具和方向键共同调整图片和画布对齐。

（5）使用菜单"窗口"—"层"，打开"层"面板右上角的"选项"，选择"共享此层"。 设置此层为共享层。

（6）新建层，选中该层，打开帧面板，在画布的矩形内输入文字"很高兴学习网页设计"。字体为"宋体"，字号为20，填充颜色为"天蓝色"。

（7）选中文本，使用菜单"修改"—"元件" —"转化为元件"，类型为 "图形"，名称为"h1"。

（8）使用菜单"窗口"—"库"，使用"指针"工具拖动该元件到画布上，使其位于画布的中间和右下角。

（9）按住 Shift 键分别单击这三个元件实例，选中这三个实例，使用菜单"修改"—"元件"—"补间实例"，在弹出的"补间实例"对话框的"步骤"文本框中输入"10"，选中"分散到帧"复选框，单击"确定"按钮。

（10）使用菜单"窗口"—"帧"，打开"帧"面板，按住 Shift 键选中所有的帧，双击"帧延时"，修改为 20。

（11）使用菜单"文件"—"保存"。

（12）使用菜单"文件"—"图像预览"，如图 8.51 所示（见电子素材库）。

图 8.51　文字运动的 GIF 格式动画的效果图

本 章 小 结

本章首先介绍了 Fireworks 8 的窗口组成、菜单组成、工具栏的组成、面板的基本操作等。然后详细叙述了使用 Fireworks 8 处理图片、编辑文本、将滤镜、特效和样式应用于文本和图形、编辑导航栏、制作弹出菜单、创建动画等。利用图像的优化和导出将处理过的图片应用到实践中。

实训　制作导航栏和创建动画

一、实验目的

（1）掌握创建动画的过程和应用。

（2）掌握导航栏的制作。

（3）掌握弹出菜单的制作。

二、实训要求

（1）学会制作 GIF 格式的动画。

（2）学会制作导航栏。

（3）学会制作弹出菜单。

三、实训内容

（1）导航栏包括个人的自我介绍、心情随笔、友情链接等，效果如图 8.52 所示。

① 确定好导航栏大小和每个按钮的大小。

② 通过"属性"面板给每个按钮添加文字。

③ 给按钮添加切片。

④ 通过"行为"面板给按钮添加弹出菜单行为。

⑤ 插入到 Dreamweaver 中，如果作了修改，需注意查看代码。

图 8.52 导航栏

（2） GIF 格式的动画，效果如图 8.53 所示。

① 确定好背景图片延长到哪一帧结束。

② 确定元件运动的路径，以便从"库"面板中拖动元件摆放位置。

③ 补间实例时考虑好需分散多少帧。

④ 运动速度的快慢，设置好帧延时。

很高兴学习网页设计

图 8.53 GIF 动画

第9章　使用 Flash 8 制作动画

【教学目标】

熟悉 Flash 8 的基本操作界面和工具箱；掌握使用 Flash 8 制作简单动画的方法。

9.1　Flash 8 基 础

9.1.1　Flash 8 概述

Flash 8 是 Macromedia 公司推出的一种优秀的矢量动画编辑软件，它是一种交互式动画设计工具。用户不但可以在动画中加入声音、视频和位图图像，还可以制作交互式的影片或者具有完备功能的网站。

1. Flash 动画的特点

（1）Flash 动画受网络资源的制约一般比较短小，利用 Flash 制作的动画是矢量的，无论把它放大多少倍都不会失真。

（2）Flash 动画具有交互性优势，可以更好地满足所有用户的需要。它可以让欣赏者的动作成为动画的一部分。用户可以通过单击、选择等动作，决定动画的运行过程和结果，这一点是传统动画所无法比拟的。

（3）Flash 动画可以放在网上供人欣赏和下载，由于使用的是矢量图技术，具有文件小、传输速度快、播放采用流式技术的特点，因此动画是边下载边播放，如果速度控制得好，则根本感觉不到文件的下载过程，所以 Flash 动画在网上被广泛传播。

（4）Flash 动画有崭新的视觉效果，比传统的动画更加轻易与灵巧，更加"酷"。不可否认，它已经成为一种新时代的艺术表现形式。

（5）Flash 动画制作的成本非常低，使用 Flash 制作的动画能够大大地减少人力、物力资源的消耗。同时，在制作时间上也会大大减少。

（6）Flash 动画在制作完成后，可以把生成的文件设置成带保护的格式，这样维护了设计者的版权利益。

2. Flash 动画的有关概念

动画实际上就是通过一幅幅图形连续不断地放映而形成的。因此，构成动画最基本的因素就是变化的图形和与图形切换的时间间隔。

（1）帧：帧是构成 Flash 动画的基本元素。帧有关键帧和普通帧两种。在动画中，一帧就是一个画面。

（2）帧频：就是每秒钟播放的帧数，单位为 fps。播放时间＝帧的总数/帧频。

（3）元件和实例：是 Flash 用来构成帧的基本元素，有影片剪辑、图形和按钮三种类型。

（4）图层：在制作 Flash 动画时，每一帧可以由多层图形构成。

（5）时间轴：用于组织和控制文档内容在一定时间内播放的图层数和帧数。

（6）场景：一个简短的动画叫场景；一个场景由多帧图形组成。

（7）影片：一个影片是由一个或几个场景组成的表达完整意义的动画。

9.1.2　Flash 8 工作界面

1. 开始页面

安装完成后启动 Flash 8 界面如图 9.1 所示，在这个界面中显示了"开始"页，它分为下面三栏。

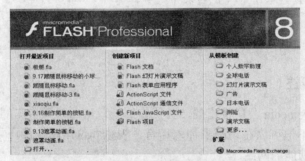

图 9.1　Flash 8 界面

打开最近项目：该栏目显示最近操作过的文件，并在下面显示了"打开"按钮，然后单击其中的一个文件，即可直接打开该文件。

创建新项目：它提供了 Flash 8 可以创建的文档类型，用户可以直接单击选择。

从模板创建：提供了创建文档的常用模板，用户可以直接单击其中一种模板即可。

2. Flash 8 工作界面

启动 Flash，并在"开始"页中选择一项进行，就可进入 Flash 的工作环境。如图 9.2 所示，Flash 8 的工作界面主要有舞台、主工具栏、工具箱、时间轴、属性面板和多个控制面板等几个部分。

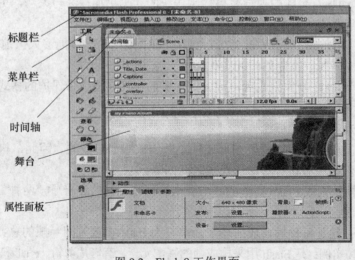

图 9.2　Flash 8 工作界面

9.1.3 使用 Flash 8 制作动画过程

使用 Flash 8 制作动画的过程如下：

（1）新建 Flash 文档：使用菜单"文件"—"新建"，打开"新建文档"对话框。

（2）设置舞台：使用菜单"修改"—"文档"，或在"属性"面板上单击大小右边显示大小的按钮，可打开文档属性对话框。

（3）绘制对象：利用工具栏上的绘图工具绘制各种对象。

（4）创建动画：使用层、时间轴等可以创建一个对象连续变化、多个对象同时运动的动画效果；利用行为创建具有交互功能的动画。

（5）测试动画效果：使用菜单"控制"—"播放"或按 Enter 键可在舞台上观看动画效果。

使用菜单"控制"—"测试影片"或按 Ctrl+Enter 键可打开一个窗口，测试输出为 SWF 文件时的动画效果。

（6）保存文档：使用菜单"文件"—"保存"。Flash 文件的扩展名为.fla。

（7）发布动画：如果在网页中使用 Flash 动画，文件必须为 SWF 格式。使用菜单"文件"—"导出"—"导出影片"。

【例 9.1】创建小球在移动的过程中先变小再变大的动画。

（1）新建一个 Flash 文档，舞台大小设为 550px×400px。

（2）单击工具栏上的"椭圆"工具，在"属性"面板上设置笔触颜色为黑色，填充颜色为渐变色。按 Shift 键，在舞台左边绘制一个圆形，如图 9.3 所示。

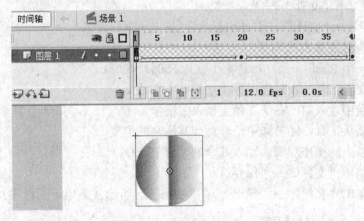

图 9.3　第 1 帧元件的大小

（3）单击工具栏上的"指针"工具，放在小球的边缘。等鼠标变为弧形形状时，删除小球的边线，在上面单击右键，在快捷菜单中选择"转化为元件"，"名称"为小球，类型为"影片剪辑"。

（4）在时间轴的"第 20 帧"处单击，在上面单击右键，在快捷菜单中选择"插入关键帧"选项。

（5）在舞台上拖动小球到中间位置，在小球上单击，使用菜单"修改"—"变形"—"缩放和旋转"，将"缩放"设为 50%，"旋转"设为 360，如图 9.4 所示。

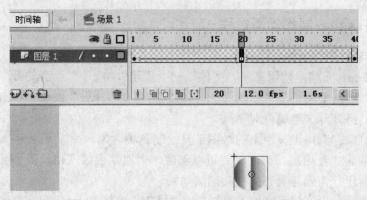

图 9.4 第 20 帧元件的大小以及创建补间动画

（6）在时间轴上单击第 1 帧，在"属性"面板的"补间"下拉菜单中选择"动画"选项，选中"缩放"复选框，在"旋转"下拉式菜单中选择"顺时针"。

（7）在时间轴的"第 40 帧"处单击，在上面单击右键，在快捷菜单中选择"插入关键帧"选项。

（8）在舞台上拖动小球到右边位置，在小球上单击，使用菜单"修改"—"变形"—"缩放和旋转"，将"缩放"设为 400%，"旋转"设为 360。

（9）在时间轴上单击第 20 帧，在"属性"面板的"补间"下拉菜单中选择"动作"选项，选中"缩放"复选框，在"旋转"下拉式菜单中选择"顺时针"。

（10）使用菜单"控制"—"测试影片"，可以查看运动的小球的效果。

（11）使用菜单"文件"—"保存"。

（12）使用菜单"文件"—"导出影片"（见电子素材库）。

【例 9.2】创建逐帧过渡动画。

（1）新建一个 Flash 文档，舞台大小设为 550px×400px。

（2）选择文本工具，在属性面板上选择 48，红色。

（3）在舞台中输入 H，在第 2 帧上插入关键帧，输入 H（和第一个 H 重合）。

（4）选择箭头工具，H 被选中，移动到其适合的位置。

（5）重复以上的操作步骤，输入其余的字母 ELLO。

（6）使用菜单"文件"—"保存"。

（7）使用菜单"文件"—"导出影片"，如图 9.5 所示（见电子素材库）。

图 9.5 逐帧输入文字

212

9.2 Flash 8 工具箱

9.2.1 绘制基本图形

1. 绘制精确的直线或曲线线段

"钢笔"工具 提供了一种绘制精确的直线或曲线线段的方法。单击鼠标可创建直线线段上的点，拖动鼠标可创建曲线线段上的点。可以通过调整线条上的点来调整线段。

2. 沿任意方向绘制直线

使用"线条"工具 ，可以沿任意方向绘制直线。

3. 绘制曲线路径

绘制曲线路径的方法如下：

（1）选择"钢笔"工具 。

（2）将钢笔工具放置在舞台上想要曲线开始的地方，然后按下鼠标按钮。

此时出现第一个锚记点，并且钢笔尖变为箭头。

（3）向想要绘制曲线段的方向拖动鼠标。按下 Shift 键拖动可以将该工具限制为绘制 45°的倍数。

随着鼠标的拖动，将会出现曲线的切线手柄。

（4）释放鼠标按钮。 切线手柄的长度和斜率决定了曲线段的形状。可以在以后移动切线手柄来调整曲线。

（5）将指针放在想要结束曲线段的地方，按下鼠标按钮，然后朝相反的方向拖动来完成线段。按下 Shift 键拖动会将该线段限制为倾斜 45°的倍数。

（6）要绘制曲线的下一段，将指针放置在想要下一线段结束的位置上，然后拖离该曲线即可。

4. 用铅笔工具绘画

可以与使用真实铅笔大致相同的方式来绘制线条和形状。

在"线条粗细"栏中可输入小于 10 的数字，也可以单击旁边的小箭头打开滑块，改变线条的粗细程度。

绘图模式："伸直"、"平滑"和"墨水"三种类型。

5. 绘制椭圆和矩形

利用"椭圆"工具创建椭圆和圆形；利用"矩形"工具创建矩形和正方形。

6. 绘制多边形和星形

在"矩形"工具的"下拉式"菜单中选择"多角形"工具，单击"属性"面板上的"选项"按钮，打开"工具设置"对话框，在该对话框中可以设置样式、边数（3~32）和星形顶点大小（0~1）。

9.2.2 编辑图形对象

1. 图形变形

选中对象后，单击自由变形工具，在对象周围出现控制点，拖动这些控制点可以对对象进行缩放、旋转等变形操作。

2. 设置渐变填充

将填充色设为渐变色时，选中颜料桶工具，再单击一个闭合的路径区域，就可以在区域中使用渐变填充。

填充色调色板最下面一行：前面是放射性填充；后面是线性填充。

3. 对齐和排列图形

绘制或导入的图形对象通过对齐工具可以很方便地按一定的规律排列组合到合适的位置。

使用菜单"窗口"—"设计面板"—"对齐"，单击其中的按钮可以实现所选对象的排列和对齐。

4. 组合对象

在制作动画时，如果要将多个对象设置相同的动画效果，就需要将这些对象组合起来变成一个对象。

组合后的对象路径受到保护。

选中要组合的对象，使用菜单"修改"—"组合"即可将这些对象组合成一个对象；选中组合后的对象，使用菜单"修改"—"取消组合"即可将组合成的对象变成各自独立的对象。

【例 9.3】对椭圆进行线性渐变。

（1）在"工具"面板中单击"椭圆"工具，在舞台上绘制一个椭圆。

（2）选择"窗口"—"混色器"来显示"混色器"面板。

（3）在"混色器"的"类型"弹出菜单中，选择"线性"。

（4）双击下面滑条右侧的渐变颜色样本，选择绿色（#00CC99），如图 9.6 所示。

在"混色器"中选择右侧的渐变颜色样本。

在"颜色拾取器"中选择绿色 #00CC99。

双击左侧的渐变颜色样本，选择蓝色（#0099FF）。

（5）从"工具"面板中选择"渐变变形"工具。"渐变变形"控件 出现在椭圆渐变的周围。

（6）拖动"渐变旋转"手柄，顺时针旋转线性渐变。

（7）使用菜单"文件"—"保存"，如图 9.7 所示（见电子素材库）。

图 9.6 "混色器"面板

图 9.7 蓝绿渐变的椭圆效果图

214

9.2.3　编辑文本

1. 文本类型

在 Flash 中，文本工具提供了三种文本类型：静态文本、动态文本和输入文本。

（1）静态文本：不会动态更改字符的文本。

（2）动态文本：可以显示动态更新的文本。

（3）输入文本：可以将文本输入到表单或调查表中。

2. 创建文本块

在工具箱中，单击文本工具按钮。在舞台上单击，创建一个不断加宽的文本块；在舞台上拖动，创建一个宽度固定的文本块。

3. 设置文本属性

（1）单击文本块，可选中文本块，在属性面板中可以对整个文本块中的文本进行设置。

（2）在文本块上双击，可显示编辑光标，对文本块中的文本进行编辑。

（3）选中文本块中的部分文本，可单独改变这一部分文本的属性。

4. 打散文本

（1）打散就是选中要转换为路径的文本块，在其上边单击右键，在弹出菜单中选择分离选项。

（2）选中要转换为路径的文本块，使用菜单"修改"—"分离"。

（3）如果文本块是单个字符，只需进行一次分离操作；如果是多个字符，需进行两次分离操作。第一次分离操作将文本分为一个独立的字符，第二次分离操作将文本转换为路径。转换为路径的文本可以使用各种路径编辑工具进行编辑。

【例9.4】五角星在运动中变为文字。

（1）新建一个 Flash 文档，舞台大小设为 600px×400px。

（2）在第 1 帧处绘制一个笔触颜色为无，填充颜色为渐变色的五角星，如图9.8 所示。

图9.8　第1帧元件

（3）在第 30 帧处单击右键，从弹出的菜单中选择"插入空白关键帧"选项。选择文本工具，输入文字"欢迎光临我的网页"。设置文字大小与五角星大小近似。

（4）选中文字，使用菜单"修改"—"分离"，对文字进行两次分离，如图9.9所示。

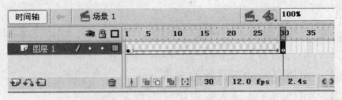

图9.9 第30帧"文字"元件

（5）在时间轴的第1帧处单击，然后在"属性"面板的"补间"下拉式菜单中选择"形状"选项。补间画面如图9.10所示。

图9.10 变化的过程

（6）使用菜单"控制"—"测试影片"，可以查看五角星在运动中变为文字的效果。

（7）使用菜单"文件"—"保存"。

（8）使用菜单"文件"—"导出影片"（见电子素材库）。

9.3 制作动画

9.3.1 动画相关概念

1. 动画中的图层

Flash 文档中的每一个场景都可以包含任意数量的图层。

创建动画时，可以使用图层和图层文件夹来组织动画序列的组件和分离动画对象，这样它们就不会互相擦除、相连或分割。

2. 图层的几种类型

层文件夹：有助于将图层组织成易于管理的组，可以通过展开和折叠图层文件夹来查看只和当前任务有关的图层。

普通层：用于放置各种动画元素。

引导层：可使该层下的被引导层中的元件沿引导线运动。

遮罩层：可使被遮罩层中的动画元素只能通过遮罩层被看到，该层下的图层就是被遮罩层。

单击图层区下面的按钮🔲可新增一个普通图层，单击📑按钮可新增一个引导层，单击按钮🗂可新增一个层文件夹。选择一个或多个图层，单击删除按钮🗑可删除选中的图层。

创建动画时，每个组或元件必须放在独立的图层上。背景层通常包含静态插图，其他的每个图层中包含一个独立的动画对象。

3．关键帧与普通帧

关键帧是定义在动画中的变化的帧。当创建逐帧动画时，每个帧都是关键帧。在补间动画中，可以在动画的重要位置定义关键帧，让 Flash 创建关键帧之间的帧内容。只有关键帧是可编辑的。

关键帧在时间轴中标明：有内容的关键帧以该帧前面的实心圆表示，而空白的关键帧则以该帧前面的空心圆表示。关键帧后面的普通帧将继承该关键帧的内容。

普通帧：为一个个的单元格。无内容的帧是空白的单元格；有内容的帧显示出一定的颜色。不同的颜色代表不同类型的动画，动作补间的动画的帧显示为浅紫色的实心直线箭头；形状补间的动画的帧显示为浅绿色的实心直线箭头。

4．时间轴面板

"时间轴"面板如图 9.11 所示。

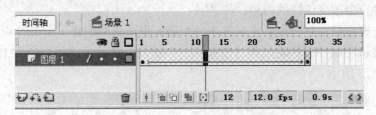

图 9.11　"时间轴"面板

单击"插入"—"时间轴特效"命令，可以看到 Flash 内置的时间轴特效，共 3 种类型：变形/转换、帮助和效果，如图 9.12 所示。

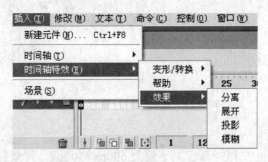

图 9.12　"时间轴特效"命令

时间轴特效设置：

（1）分离：产生对象发生爆炸的错觉。

（2）模糊：通过更改对象在一段时间内的Alpha值、位置或缩放比例来产生运动模糊特效。

（3）投影：在选中元素下方产生阴影。

（4）展开：在一段时间内放大或缩小对象。

9.3.2 逐帧动画

要创建逐帧动画，需要将每个帧都定义为关键帧，然后给每个帧创建不同的图像。每个新关键帧最初包含的内容和它前面的关键帧是一样的，因此可以递增地修改动画中的帧。逐帧动画增加文件大小的速度比补间动画快得多。在逐帧动画中，Flash 会保存每个完整帧的值。

【例9.5】创建逐帧动画。

（1）单击图层名称使之成为活动层，然后在动画开始播放的图层中选择一个帧作为逐帧动画的第 1 帧。

（2）如果该帧不是关键帧，请选择"插入"—"时间轴"—"关键帧"使之成为一个关键帧。

（3）在序列的第一个帧上创建插图。可以使用绘画工具、从剪贴板中粘贴图形，或导入一个文件。

（4）单击同一行中右侧的下一帧，然后选择"插入"—"时间轴"—"关键帧"。这将添加一个新的关键帧，其内容和第一个关键帧一样。

（5）在舞台中改变该帧的内容。

（6）要完成逐帧动画序列，重复第4步和第5步，直到创建了所需的动作。

（7）要测试动画序列，请选择"控制"—"播放"或单击"控制器"上的"播放"按钮，如图 9.13 所示。

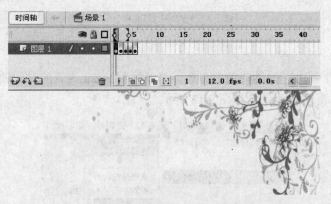

图 9.13　逐帧动画的时间轴面板

【例9.6】闪烁文字。

（1）新建一个 Flash 文档，舞台大小设为 600px×400px，背景颜色为灰色。

（2）"插入"—"新建元件"，新建一个名称图形元件，在元件区中输入文字"我"，大小为 60，颜色为蓝色。

（3）"闪，给，你，看"四个元件。

（4）回到场景 1，"窗口"—"库"，打开"库"面板将"我"元件拖入。

（5）在第 5 帧处"插入白色关键帧"。

（6）在第 6 帧处"插入关键帧"，将"闪"元件拖入。在第 10、15、20 帧处分别"插入白色关键帧"，在第 11、16、21 帧处"插入关键帧"，并分别将元件"给，你，看"拖入第 11、16、21 帧处。

（7）单击时间轴下面的"编辑多个帧"按钮 ，可以看到全部文本。

（8）使用"指针"工具和方向键，将元件调整对齐。

（9）新建图层 2，在第 11 帧处"插入关键帧"，在场景中输入"我闪给你看"。

（10）移动各元件，使之与输入的文本重合。

（11）在图层 1、2 的第 21 帧后面帧数处"插入帧"（最后停留几帧的时间）。

（12）保存，如图 9.14 所示。

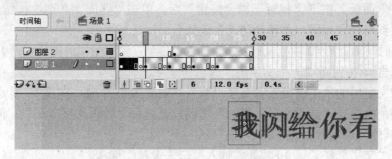

图 9.14　闪烁文字的效果图

绘图纸的使用：

（1）通常情况下，Flash 在舞台中一次显示动画序列的一个帧。要同时显示和编辑多个帧，可以使用"绘图纸外观"按钮 。

使用绘图纸外观可以在舞台中一次查看两个或多个帧。当前帧的内容用全彩色显示，但是其余的帧是暗淡的，看起来就好像每个帧是画在一张半透明的绘图纸上，这些内容相互层叠在一起，但只能编辑当前帧的内容，无法编辑暗淡的帧。

（2）按下"修改绘图纸标记"按钮，然后从菜单中选择一个项目，如图 9.15 所示。

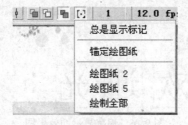

图 9.15　绘图纸按钮

总是显示标记：在时间轴标题中显示"绘图纸外观"标记，而不管"绘图纸外观"是否打开。

锚定绘图纸：将"绘图纸外观"标记锁定在它们在时间轴标题中的当前位置。通过锚定"绘图纸外观"标记，可以防止它们随当前帧的指针移动。

绘图纸 2：在当前帧的两边显示两个帧。

绘图纸 5：在当前帧的两边显示五个帧。

绘制全部：在当前帧的两边显示所有帧。

按下"绘图纸外观轮廓"按钮，场景中显示各帧内容的轮廓线，填充色消失。

按下"编辑多个帧"按钮，可以显示全部帧内容，并可以进行多帧同时编辑绘画纸的功能。

【例 9.7】图片上的文字逐字显示。

（1）使用菜单"文件"—"新建"，打开"新建文档"的对话框，舞台大小设为 600px×600px。

（2）使用菜单"文件"—"导入"—"导入到舞台"，将背景图片导入到舞台。

（3）将"图层 1"改名为"背景层"，使用菜单"窗口"—"设计面板"—"对齐"，打开"对齐"面板。按下"相对于舞台按钮"后，单击"匹配宽和高"按钮，将背景图像大小调整到与舞台相同，并移动使其占满舞台。

（4）在时间轴上第 40 帧处鼠标右击，插入关键帧；使背景层的图片填充 1 帧~40 帧。

（5）单击 ♬ 按钮新增一个文字层，改名为文字。

（6）在文字层的第 1 帧处输入文字"欢"，设置大小为 60；在第 10 帧处单击右键，从弹出的菜单中选择"插入空白关键帧"选项，在舞台上输入文字"迎"；同样在第 20 帧和第 30 帧处分别输入"光"和"临"。

（7）在"文字"层上第 40 帧处"插入空白关键帧"选项。

（8）单击时间轴右下部"编辑多个帧"按钮 ，让各帧的文字在舞台上同时显示。同时移动标志帧数上的括号 ，即左边的括号在第 1 帧处；右边的括号在第 40 帧处。按住 Shift 键同时选中文字，使用"对齐"面板设置对齐和间距。如图 9.16 所示。

（9）使用菜单"文件"—"保存"。

（10）使用菜单"文件"—"导出"—"导出影片"（见电子素材库）。

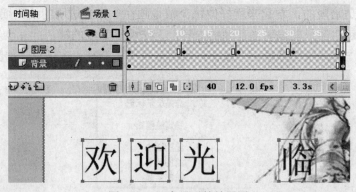

图 9.16　逐字显示的效果图

9.3.3　形状补间动画

在补间动画中，在一个关键帧定义一个实例、组或文本块的位置、大小和旋转等属性，然后在另一个关键帧改变那些属性。也可以沿着路径应用补间动画。

要对组、实例或位图图像应用形状补间，首先必须分离这些元素；要对文本应用形状补间，必须将文本分离两次，从而将文本转换为对象。

【例 9.8】创建形状过渡动画。

（1）使用菜单"文件"—"新建"，打开"新建文档"的对话框。舞台大小设为 550px×400px。

（2）利用工具栏上的"矩形"工具，绘制矩形和正方形且大小相同，填充色为红色。

（3）在时间轴上第 25 帧处鼠标右击，插入空白关键帧。

（4）选择工具栏上的 A 标记，输入文字 H 并设置为红色，96 号。

（5）选择箭头指针工具后，刚才键入的字符被自动选择。

（6）选择"修改"—"分离"将文本转化为图形。在第 1 帧上单击，在"属性"面板上"补间"选择"形状"，"混合"选择"角形"。形状补间完成后，在时间轴面板上会显示绿色背景，实心箭头，如图 9.17 所示。

图 9.17　形状补间动画的时间轴

（7）使用菜单"文件"—"保存"。

（8）使用菜单"文件"—"导出"—"导出影片"（见电子素材库）。

动画的形状补间过程如图 9.18～图 9.20 所示。

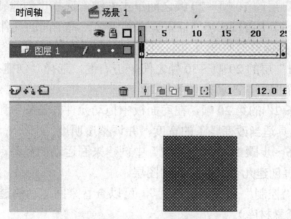

图 9.18　第 1 帧元件的形状

图 9.19　形状变化的过程　　　　图 9.20　第 25 帧元件的形状

9.3.4　动作补间动画

动作补间产生将开始帧的一个物体实现移动、改变大小和颜色、亮度等效果，在动画进行过程中物体还可以旋转。

221

动作补间的对象必须是元件，但不能是形状。

【例9.9】制作一个来回运动的透明竖条。

（1）将"图层1"改名为"背景层"，导入一张图片到舞台，使用菜单"窗口"—"设计面板"—"对齐"，打开"对齐"面板。按下"相对于舞台按钮"后，单击"匹配宽和高"按钮，将背景图像大小调整到与舞台相同，并移动使其占满舞台。

（2）在背景层第90帧处插入一个关键帧。

（3）新建一个图层，改名为"竖条1"。

（4）在"竖条1"层左部绘制一个矩形竖条，在边线处光标的右下角出现弧形标志时，按Delete键删除矩形边线。将矩形转化为元件"竖条"。

（5）在舞台上选中竖条，调整透明度为30%。

（6）在"竖条1"层的10帧处插入一个关键帧，将元件"竖条"拖动到舞台中间的位置，并调整透明度为30%。

（7）在"竖条1"层的1帧~10帧之间单击右键，选择"创建补间动画"选项。

（8）在"竖条1"层的20帧处插入一个关键帧，将中间的元件"竖条"拖动到舞台中间靠右的位置，并调整透明度为30%。

（9）在"竖条1"层的10帧~20帧之间单击右键，选择"创建补间动画"选项。

（10）在"竖条1"层的30帧处插入一个关键帧，将中间的元件"竖条"拖动到舞台右边原来的位置，并调整透明度为30%。

（11）在"竖条1"层的20帧~30帧之间单击右键，选择"创建补间动画"选项。

（12）再新建一个图层，改名为"竖条2"。

（13）单击"竖条2"的第20帧，在库面板中拖动元件"竖条"到舞台中间靠右的位置，使用自由变形工具适当改变竖条的宽度，并调整透明度。

（14）按照步骤6~步骤11在"竖条2"中创建来回运动的竖条。

（15）根据需要再创建几个竖条移动的图层。

（16）使用菜单"控制"—"测试影片"，可以查看来回运动的透明竖条的效果。如图9.21所示（见电子素材库）。

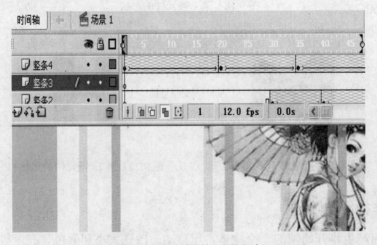

图9.21　制作来回运动的竖条

在实际应用中，将背景图像作为表格单元的背景，再将透明运动的竖条插入到单元格中，并将其设为透明。

9.3.5 引导路径动画

1. 引导路径

引导层是用来指示元件运行路径的，内容可以是用线条、椭圆工具、钢笔等绘制出的线段。一个最基本的引导路径动画由两个图层组成：上面一层是"引导层"，下面一层是"被引导层"。

"被引导层"中的对象是随着引导线运动的。对象可以使用不同类型的元件，但不能应用形状。

"引导层"中的内容在播放时是看不见的。

2. 为补间动画创建引导路径

（1）创建有补间动画的动画序列。

（2）如果选择"调整到路径"，补间元素的基线就会调整到运动路径。如果选择"对齐"，补间元素的注册点将会与运动路径对齐。

（3）选择包含动画的图层，然后选择"插入"—"时间轴"—"运动引导层"，如图 9.22 所示。

（4）将中心点与第一帧中的起点和最后一帧中的终点对齐。

注意：通过拖曳元件的注册点能获得最好的效果。

（5）要隐藏运动引导层和线条，以便在工作时只显示对象的移动，请单击"运动引导层"上的"眼睛"列。

3. 应用引导路径动画的技巧

（1）"被引导层"中的对象在被引导运动时，还可作更细致的设置，比如运动方向，把"属性"面板上的"路径调整"前打上勾，对象的基线就会调整到运动路径。而如果在"对齐"前打勾，元件的注册点就会与运动路径对齐，如图 9.23 所示。

图 9.22　引导层

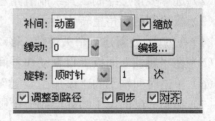

图 9.23　路径调整和对齐

（2）引导层中的内容在播放时是看不见的，利用这一特点，可以单独定义一个不含"被引导层"的"引导层"，该引导层中可以放置一些文字说明、元件位置参考等，此时引导层的图标为 ◤。

（3）在做引导路径动画时，按下工具栏上的"对齐对象"功能按钮 █，可以使"对象附着于引导线"的操作更容易成功。

（4）引导动画的引导线不宜过于陡峭，比较适合平滑圆润的线段。

（5）被引导对象的中心与场景中的十字星对齐，有助于引导动画的成功。

（6）向被引导层中放入元件时，在动画开始和结束的关键帧上，一定要让元件的注册点对准线段的开始和结束的端点，否则无法引导，如果元件是不规则形状，可以按下工具栏上的任意变形工具 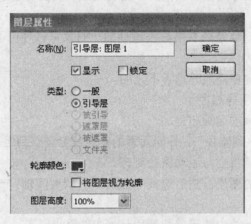，调整注册点。

（7）如果想解除引导，可以把被引导层拖离"引导层"，或在图层区的引导层上单击右键，在弹出的菜单上选择"属性"，在对话框中选择"正常"作为图层类型，如图9.24所示。

图 9.24 "图层属性"面板

（8）如果想让对象作圆周运动，可以在"引导层"画个圆形，再用橡皮擦擦去一小段，使圆形线段出现 2 个端点，再把对象的起始点、终点分别对准端点即可。

（9）引导线允许重叠，比如螺旋状引导线，但在重叠处的线段必须保持圆润，让 Flash 能辨认出线段走向，否则会使引导失败。

【例 9.10】围绕圆转动的五角星。

（1）新建一个 Flash 文档，舞台大小设为 600px×400px，舞台背景色设为黑色。

（2）选择多角形绘制工具绘制五角星，笔触色为无，填充色为红色。

（3）将绘制的五角星转化为元件。

（4）在 60 帧处新建一个关键帧，移动五角星到合适的位置，创建一个动作补间动画。

（5）在"属性"面板上设置动作补间动画旋转的方向和次数。

（6）单击时间轴上的"添加引导层"按钮，新增一个引导层。

（7）在引导层的第 1 帧处绘制一个圆。

（8）选中橡皮擦工具，在圆的边缘擦除出一个缺口。然后在"被引导层"的开始和结束帧分别将五角星移到缺口的两边。注意设置的旋转方向和起始位置的关系。

（9）使用菜单"控制"—"测试影片"，查看五角星沿路径运动的效果。

（10）使用菜单"文件"—"保存"。

（11）使用菜单"文件"—"导出影片"，如图 9.25 所示（见电子素材库）。

【例 9.11】球体环绕字。

（1）将图层 1 改名为文本层，输入文字。

（2）添加引导层，绘制填充颜色为无，笔触颜色为红色的椭圆。

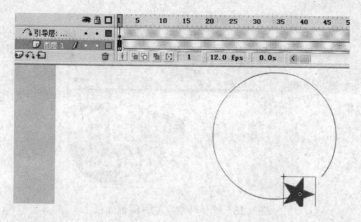

图 9.25　引导动画的界面

（3）用箭头工具选中文本，使用菜单"修改"—"分离"，利用"指针"工具，单击工具下方的"选项"区中的"对齐对象"按钮，调整舞台上的文字。

（4）单击"文本"图层的第 1 帧，此时选中该帧对应舞台上所有的字母，使用菜单"修改"—"组合"。

（5）在"文本"图层的第 24 帧处插入关键帧，用鼠标右键单击"文本"图层的第 1 帧，从弹出的快捷菜单中选择"属性"选项，打开"属性"面板，在"补间"下拉列表中选择"动作"选项，在"旋转"下拉列表中选择"逆时针"选项，在后面的文本框中输入 1。

（6）在"文本"图层的引导层第 25 帧中插入普通帧。

（7）在引导层之上新建"下半球"图层，单击工具箱中的"椭圆"工具，设置描绘颜色为黄色，填充颜色为无，在舞台上绘制一个空心椭圆和笔触颜色为红色的椭圆重合。

（8）单击工具箱中的"线条"工具，在椭圆中央绘制一条直线，将椭圆分割层上、下两半。在椭圆上半部曲线上单击 Ctrl+X。

（9）在"下半球"图层之上新建"上半球"图层，单击"下半球"图层的第 1 帧，选择"编辑"—"粘贴到当前位置"。

（10）将"下半球"图层拖动到"文本"图层之下。

（11）在"下半球"图层名称上按住鼠标左键，然后向左拖动，取消该层的被引导属性。

（12）选择一种渐变色填充下半球，删除边框线。

（13）利用直线工具将上半球封闭，填充，删除边框线。

（14）单击"线条"工具，在"上半球"图层上绘制出一个不规则的选取框，正好圈选上半部分的文字。

（15）利用颜料桶工具，设置填充颜色为背景色，然后在先前的不规则选取框中间单击进行填充，如图 9.26 所示。

（16）选取舞台上的不规则区的边框，单击 Delete 键。

（17）选择"文件"—"保存"（见电子素材库）。

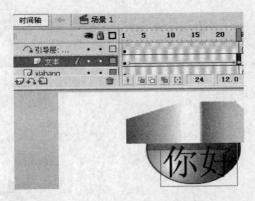

图 9.26　球体环绕字的时间轴面板

9.3.6　遮罩动画

Flash 中设有一个专门的按钮来创建遮罩层，遮罩层是由普通图层转化的。只要在某个图层上单击右键，在弹出的菜单中选择"遮罩层"选项，该图层就会生成遮罩层。"层图标"就会由普通层图标转变为遮罩层图标，"遮罩层"下面的一层自动变为"被遮罩层"。 可以将多个图层组织在一个遮罩层之下来创建复杂的效果。被遮罩的图层的名称将以缩进形式显示，其图标将更改为一个被遮罩的图层的图标。

遮罩项目可以是填充的形状、文字对象、图形元件的实例或影片剪辑。

1. 创建被遮罩层的动画

对于填充形状，可以使用补间形状；对于文字对象、图形实例或影片剪辑，可以使用补间动画。当使用影片剪辑实例作为遮罩时，可以让遮罩沿着运动路径运动。

在遮罩层上放置填充形状、文字或元件的实例。

Flash 会忽略遮罩层中的位图、渐变色、透明、颜色和线条样式。在遮罩中的任何填充区域都是完全透明的；而任何非填充区域都是不透明的。

要在 Flash 中显示遮罩效果，请锁定遮罩层和被遮住的图层。

2. 创建被遮罩层的方法

（1）将现有的图层直接拖到遮罩层下面。

（2）在遮罩层下面的任何地方创建一个新图层。

选择"修改"—"时间轴"—"图层属性"，然后在"图层属性"对话框中选择"被遮罩"，如图 9.27 所示。

3. 断开图层和遮罩层的链接

选择要断开链接的图层，将图层拖到遮罩层的上面，再选择"修改"—"时间轴"—"图层属性"菜单命令，然后选择"正常"。

【例 9.12】花海上的文字。

（1）导入一张花朵图片到舞台，使图片左侧于舞台左侧对齐（图片的长度大于舞台的长度）。

（2）将图片转化为"图形"元件，名称为花朵。

（3）将图层 1 改名为背景。

（4）在背景的第 10 帧和第 20 帧上单击鼠标右键，从弹出的快捷菜单中选择"插入关键帧"选项。

（5）单击"背景"图层的第 10 帧，利用"指针"工具，向左调整舞台上的花朵元件实例，使得该实例右侧与舞台右侧对齐。

（6）在"背景"图层的第 1 帧和第 10 帧，创建补间动画。

（7）在"背景"图层之上新建图层，单击"背景"图层对应"眼睛"列下的黑点，隐藏"背景"图层。

（8）利用文本工具输入文字。

（9）取消"背景"图层的隐藏，在图层 2 上遮罩，如图 9.28 所示（见电子素材库）。

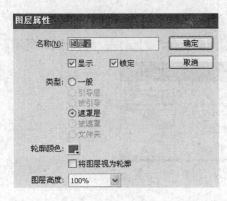

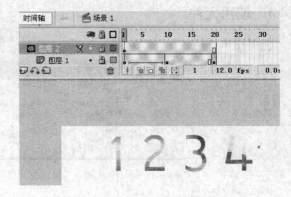

图 9.27　"图层属性"对话框　　　　　图 9.28　文字遮罩的效果图

【例 9.13】 创建遮罩动画——文字。

（1）新建画布，大小为 400px×400px，背景色为白色。

（2）利用椭圆工具绘制椭圆，填充色为渐变色。

（3）使用菜单"窗口"—"混色器"，在"类型"中选择"线性"，在下面的滑块中添加条中添加几个小滑块，增加渐变颜色，如图 9.29 所示。

（4）新建图层 2，改名为文字层。在第 1 帧处输入文字"你好"。

（5）鼠标右击图层 2，遮罩。

（6）选择"文件"—"保存"（见电子素材库）。

【例 9.14】 动漫百叶窗。

（1）新建画布，大小为 400px×400px，背景色为白色，导入图片到舞台。

（2）使用菜单"插入"—"新建元件"，类型为"影片剪辑"，名称为"遮板"。

（3）使用"矩形"工具绘制"笔触颜色"为黑色，"填充颜色"为红色的矩形，用蓝色直线分割。

图 9.29　"混色器"面板

（4）使用"油漆桶"工具选择不同的颜色填充其中的每一个部分。

（5）用"指针"工具单击每一个填充部分并组合，删除多余的边框线。

（6）用"指针"工具选中所有的矩形，使用菜单"修改"—"时间轴"—"分散到图层"。

（7）在不同层的时间轴上插入关键帧，选中第 1 帧创建补间动画。

227

（8）单击"场景1"，拖动图片到图层1。

（9）新建图层2，拖动"遮板"元件到图层2。

（10）鼠标右击图层2，选择"遮罩"。

（11）选择"文件"—"保存"。

（12）选择"文件"—"导出影片"（见电子素材库）。

9.4　元件和库

9.4.1　使用元件

使用菜单"插入"—"新建元件"，可打开"创建新元件"对话框，如图9.30所示。

图9.30　"创建新元件"对话框

（1）"名称"框中为新元件命名。

（2）"类型"栏中选择新元件的类型。

①"影片剪辑"元件中可以包含动画。创作复杂效果的动画时，先创作一系列这个动画的分解动作并保存到库中。

②"按钮"元件可设置一个按钮的各种形状。

③"图形"元件包含一个静态的图形或图形组合。

图形元件很适用于静态图像的重复使用，或创建与主时间轴关联的动画。与影片剪辑或按钮元件不同，不能为图形元件提供实例名称，也不能在ActionScript中引用图形元件。

【例9.15】创建有渐变色形状的新元件。

（1）使用菜单"插入"—"新建元件"，可打开如图9.31所示的"创建新元件"对话框。

图9.31　"创建新元件"对话框

（2）在"创建新元件"对话框中，在"名称"文本框中键入"矩形"并单击"确定"，将进入元件编辑模式。

（3）在"工具"面板中，选择"矩形"工具。在舞台上绘制矩形，笔触颜色为无，填充颜色为渐变色，如图9.32所示。

228

图 9.32　舞台中的元件　　　　　图 9.33　"库"面板中的元件

（4）点"场景 1"按钮，打开"窗口"—"库"面板，将"库"中的元件拖到舞台中，如图 9.33 所示。

如果需要修改元件的"类型"，可在元件上右击，选择"转换为元件"即可。

如果需要将舞台上的矢量图形转换为图形元件，可以使用菜单"修改"—"转换为元件"。

Flash 将元件存储在库中。每个文档都有它自己的库，并且可以在不同的 FLA 文件之间共享库。

9.4.2　创建库元件

创建元件后，可以在文档中重复使用它的实例。可以修改单个实例的以下实例属性：颜色、缩放比例、旋转、**Alpha** 透明度、亮度、色调、高度、宽度和位置，而不会影响其他实例或原始元件。

如果稍后编辑元件，则该实例除了获得元件编辑效果外，还保留它修改后的属性。但原始实例保持不变。

通过双击元件的任何实例可以进入元件编辑模式。在元件编辑模式下进行的更改会影响该元件的所有实例。

9.4.3　制作按钮

按钮元件是 Flash 的基本元件之一，它具有多种状态，并且会响应鼠标事件，执行指定的动作，是实现动画交互效果的关键对象。

按钮元件有特殊的编辑环境，通过在四个不同状态（弹起、指针经过、按下、单击）的帧时间轴上创建关键帧，可以指定不同的按钮状态。

（1）弹起：当鼠标指针未放在按钮上时按钮的外观。

（2）指针经过：当鼠标指针放在按钮上时按钮的外观。

（3）按下：当用户单击按钮时按钮的外观。

（4）单击：所定义的响应鼠标动作的区域。

【例 9.16】创建按钮。

（1）使用菜单"插入"—"新建元件"，可打开"创建新元件"对话框。

（2）在"创建新元件"对话框中，在"名称"文本框中键入"按钮"并单击"确定"，将进入元件编辑模式。

（3）在"工具"面板中，选择"椭圆"工具。在"弹起"帧上绘制圆形，笔触颜色为无，填充颜色为红色。输入文字，颜色为黑色。

（4）选择"指针经过帧"，用鼠标右键单击"插入关键帧"，绘制一个椭圆，使圆和椭圆联合。

（5）选择"按下"帧，用鼠标右键单击"插入关键帧"。先用鼠标右键单击复制"指针经过帧"，在弹出菜单中选择"复制帧"选项，然后用鼠标右键单击"按下"帧，在弹出菜单中选择"粘贴帧"，修改图形填充色为渐变绿色。

（6）选择"单击"帧，用鼠标右键单击插入"空白关键帧"。绘制一个大的矩形，一定要让这个矩形包含前面三个帧的内容。

（7）点"场景1"按钮，打开"窗口"—"库"面板，将"库"中的元件拖到舞台中。

（8）选择"文件"—"保存"，效果如图9.34和图9.35所示（见电子素材库）。

图9.34　指针经过的按钮状态图　　　　图9.35　按下的按钮状态图

9.5　使用声音和视频

9.5.1　使用声音

Flash提供了多种使用声音的方法，可以使声音独立于时间轴连续播放，或使动画与一个声音同步播放。既可以制作声音淡入淡出效果，又可以为按钮添加声音以增强感染力，还可以用动作脚本来控制声音的播放。

1. 导入声音

直接导入Flash应用的声音文件，主要包括WAV和MP3两种格式。

2. 使用菜单"文件"—"导入"—"导入到库"

在"导入到库"对话框中，选择要导入的两个声音文件，然后单击"打开"按钮，将声音导入。等导入声音处理完毕以后，就可以在"库"面板中看到刚导入的声音，就可以像使用元件一样使用声音对象了。

9.5.2　使用视频

导入视频的方法：使用菜单"文件"—"导入"—"导入到库"或"导入到舞台"，打开"导入到库"或"打开"对话框，选择导入的视频文件，单击"打开"按钮。

9.6　ActionScript 动作脚本

9.6.1　ActionScript 基础

1. ActionScript 相关术语

（1）Actions（动作）：就是程序语句，它是ActionScript脚本语言的灵魂和核心。

（2）Events（事件）：要执行某一个动作，必须提供一定的条件。如需要某一个事件对该动作进行的一种触发，那么这个触发功能的部分就是 ActionScript 中的事件。

（3）Class（类）：是一系列相互之间有联系的数据的集合，用来定义新的对象类型。

（4）Expressions（表达式）：语句中能够产生一个值的任一部分。

（5）Function（函数）：指可以被传送参数并能返回值的以及可重复使用的代码块。

（6）Variable（变量）:变量是储存任意数据类型的值的标示符。

（7）Instancenames（实例名）:是在脚本中指向影片剪辑实例的唯一名称。

（8）Methods（方法）:是指被指派给某一个对象的函数，一个函数被分配后，它可以作为这个对象的方法被调用。

（9）Objects（对象）:就是属性的集合。每个对象都有自己的名称和值，通过对象可以自由访问某一个类型的信息。

（10）Property（特性）:对象具有的独特属性。

2. ActionScript 的语法基础

1）常量

常量是在语句中保持不变的参数值，可分为 3 种类型：数值型、字符串型和逻辑型。

（1）数值型是由具体数值表示的定量参数，它可以直接输入到参数设置区的文本框内。

（2）字符串型是由若干字符组成的，当屏幕上需要出现提示信息时，就可使用字符串型常量。在定义数值字符串常量时，必须使用英文状态下的双引号，否则 Flash 将把它作为数值型常量对待。

（3）逻辑型常量用于判断条件是否成立：条件成立时为"真"，使用 True 或 1 表示；不成立时为"假"，使用 False 或 0 表示。

2）变量

变量就是用来保存可改变的数据块的存储空间，名称不变但内容可以改变。

变量可以存储任意类型的数据：数值、字符串、逻辑值等。在脚本中给变量赋值时，变量存储数据的类型会影响该变量的值如何变化。如下面的语句：

F1="jk"

H2=665588

变量可以存储的典型信息类型包括 URL、用户名、数学运算结果、事件发生的次数，或一个按钮是否已被单击。每个动画或电影剪辑实例都有它自己的一组变量，每个变量都有它自己的值，并与其他动画或电影剪辑中的变量不相关。

3）变量的作用区域

变量的作用区域是指能够识别和引用该变量的区域。

ActionScript 中有局部变量和全局变量之分，全局变量在整个动画的脚本中都有效，而局部变量只在它自己的作用区域内有效。

4）声明变量

在 ActionScript 中变量不需要声明，但是声明变量是良好的编程风格。

在程序中，给一个变量直接赋值或者使用 setVariables 语句赋值就相当于声明了全局变量；局部变量的声明需要用 var 语句。在一个函数体内用 var 语句声明变量，该变量就成了这个函数的局部变量，它将在函数执行结束的时候被释放；在主时间轴上使用 var 语句声明的变量也是全局的，它们在整个动画结束的时候才会被释放。

例如，在下面的例子中，i 是一个局部的循环变量，它只在函数 f 中有效：

```
function f()
{
    var i;
    for(i=0; i<10; i++)
    {
        i=i*2;
    }
}
```

局部变量可以防止名字冲突，而名字冲突可能会导致程序出错。

在函数体内最好使用局部变量。这样，这个函数就可以作为一段独立的代码。如果函数内的一个表达式使用了一个全局变量，在该函数以外的某些操作可能会改变它的值，因而也就可能改变了该函数。

此外，函数的参数也将作为该函数的一个局部变量来使用，例如：

```
 i=2;
 function test (i)
 {
   i=1;
     m=i;
 }
 test(i)
```

程序执行之后的结果是 m=1，i=2。从这个例子可以看出 test 函数中的 x 参数的确是作为函数内部的局部变量来处理了。

在声明了一个全局变量之后，紧接着再次使用 var 语句声明该变量，那么，这条 var 语句无效，例如：

```
 a=5;
 var a;
 a*=2;
```

在上面的脚本中，变量 a 被重复声明了两次，其中 var 语句的声明被视为无效，脚本执行后，变量 a 的值将为 10。

ActionScript 把相同字母组成、而大小写不同的变量名视为相同的变量。另外，自定义的变量名不要和关键字相同。

5）在脚本中使用变量

在脚本中使用变量时，首先要声明它，然后才能在表达式中使用这个变量。

如果在脚本中使用了一个没有声明的变量，该变量的值就是 undefined，将产生一个

232

错误。例如：

gotoAndPlay(a);

因为 a 没有被声明，gotoAndPlay 将会被错误地执行，跳转到一个不确定的位置。

6）函数

函数是用来对常量、变量等进行某种运算的方法。

Flash 提供 6 种类型的系统函数，分别是通用函数、数值类函数、属性类函数、字符串类函数、全局属性函数与多字节字符串函数。

常用的通用函数：

Eval：获取某变量的数值。

True：获得逻辑"真"值。

False：获得逻辑"假"值。

GetTimer：获取计算机的系统时间。

常用的数值类函数：

Int（number）：将变量 number 取整。

Random（number）：在 0 到 number–1 之间取一个随机整数。

常用的字符串类函数：

Substring（string，index，count）：取得字符串变量 String 的子字符串，从该字符串第 index 位开始，一共取 count 位。

Length（string）：取得字符串变量 string 的长度。

常用的属性类函数是 Getproperty（target，property），它用于获取目标对象 target 的指定属性 property：

–x：对象的 x 轴坐标位置。

–y：对象的 y 轴坐标位置。

–wide：对象的宽度。

–height：对象的高度。

–rotation：对象的旋转。

–target：对象的目标路径。

–name：目标引用对象的名称。

–url：对象的 URL 地址。

自定义函数：

function 函数名称（参数 1，参数 2，…，参数 n）

{

      //函数体。即函数的程序代码

}

语句是组成 ActionScript 脚本代码的主体，在书写语句时，应注意以下几点。

（1）ActionScript 的每行语句都以分号";"结束。长语句允许分多行书写，即允许将一条很长语句分割成两个或更多代码行，只要在结尾有个分号就行了。

（2）字符串不能跨行，即两个分号必须在同一行。

（3）双斜杠后面是注释，在程序中不参与执行，用于增加程序的可读性。

（4）ActionScript 是区分大小写字母的。

9.6.2 常用内置对象的属性

Flash 的快捷帮助可以通过"动作"面板来选择某一个方法或属性，然后鼠标右击选择"查看帮助"来激活某个方法的帮助文档，效果如图 9.36 所示。

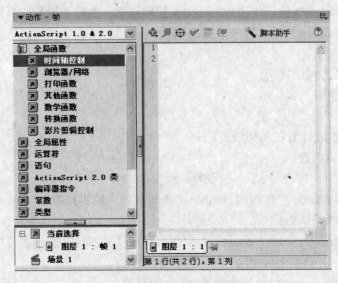

图 9.36 "动作"面板

Flash 使用 ActionScript 给动画添加交互性。在简单动画中，Flash 按顺序播放动画中的场景和帧，而在交互动画中，用户可以使用键盘或鼠标与动画交互。

要用 Flash 创建交互，需使用 ActionScript 语言。该语言包含一组简单的指令，用以定义事件、目标和动作。

1. 事件

Press：当用户将鼠标指针移到电影按钮上并按下鼠标左键时，动作触发。

Release：当用户将鼠标指针移到电影按钮上并单击时，动作触发。

releaseOutside：当用户在电影按钮上按住鼠标左键，而在按钮外面释放鼠标时动作发生。

RollOver：当用户将鼠标指针放置在电影按钮上时动作发生。

rollOut：当用户将鼠标指针从电影按钮上移出时动作发生。

dragOver：当用户将鼠标指针放置在电影按钮上的同时按住鼠标左键，然后将鼠标指针从电影按钮上拖出（依然按住鼠标左键），最后将鼠标指针放回电影按钮上时动作发生。

dragOut：当用户将鼠标指针放置在电影按钮上的同时按住鼠标左键，然后将鼠标指针从电影按钮上拖出（依然按住鼠标左键）时动作发生。

gotoAndPlay()：转到指定帧并开始播放。

gotoAndStop()：转到指定帧并停止。

stopAllSounds()：停止播放所有声音。

nextFrame()：转到下一帧。

nextScene()：转到下一场景。

play()：播放。

stop()：停止。

prevFrame()：转到上一帧。

prevScene()：转到下一场景。

onclipEvent()：当发生特定影片剪辑事件时执行动作。

2．属性

1）_alpha

功能：指定影片剪辑实例 t 的 Alpha 透明度（value）。有效值为 0（完全透明）～100（完全不透明）。

例如：在某个按钮上控制影片剪辑实例 t 的透明度：

on(release) { t：_alpha = 30; }

2）_currentframe

功能：指定的时间轴中播放头所处的帧的编号。

例如：下面的示例使用 _currentframe 属性指示影片剪辑 actionClip 的播放头从当前位置前进 2 帧。

actionClip.gotoAndStop(_currentframe + 2);

3）_height, _width

功能：以像素为单位设置和获取影片剪辑的高度、宽度。

例如：

onclipEvent(mouseDown){

_width=200;

_height=200;

　　}

9.6.3 ActionScript 动画实例

【例 9.17】跟随鼠标移动的小球。

（1）使用菜单"插入"—"新建元件"，可打开"创建新元件"对话框。

（2）在"创建新元件"对话框中，在"名称"文本框中键入"小球"，在"行为"栏中选择"影片剪辑"并单击"确定"将进入元件编辑模式。

（3）在"工具"面板中，选择"椭圆"工具绘制圆形，笔触颜色为无，填充颜色为红色。

（4）点"场景 1"按钮，打开"窗口"—"库"面板，将"库"中的小球元件拖到舞台中，拖动 3 个小球到舞台的中央。

（5）单击舞台中最左边的小球，使其被选中，在"属性"面板中"影片剪辑"下面的列表框中输入实例名称 x1，依次修改后面小球实例名称为 x2 和 x3。

（6）选中图层 1 中的第 5 帧和第 10 帧处分别插入关键帧。

（7）选中图层 1 的第 1 帧，在"动作"—"帧"面板左边的命令选择区，单击选择"全局函数"—"影片剪辑控制"—"startDrag"命令。给小球加脚本程序，代码为

{startDrag("x1",true);}，如图 9.37 所示。

（8）分别选中第 5 帧和第 10 帧，重复第 7 步给小球加脚本程序。

（9）选择"文件"—"保存"（见电子素材库）。

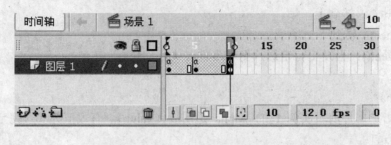

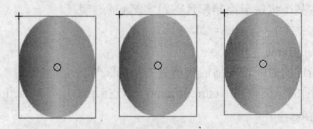

图 9.37 小球加脚本程序后的时间轴面板

【例 9.18】制作相册。

（1）准备 3 张 280px×200px 的 JPEG 格式的图片，并分别取名为 image1~image3，保存在独立的文件夹中。

（2）在 Flash 中新建一个影片文档，保持其默认属性设置，并保存到与图片相同的文件夹中，名称为*.fla。

（3）在"工具"面板中，选择"矩形"工具绘制矩形，笔触颜色为黑色，填充颜色为灰色，大小为 300px×220px。将该矩形转化为"影片剪辑"元件，名称为 photograph，并将此矩形左上角顶点设置与舞台中心点对齐。

（4）使用菜单"插入"—"新建元件"，可打开"创建新元件"对话框。在"创建新元件"对话框中，在"名称"文本框中键入"photo"，在"行为"栏中选择"影片剪辑"并单击"确定"将进入元件编辑模式，并将此矩形左上角顶点设置与舞台中心点对齐。

（5）使用菜单"窗口"—"库"，打开"库"面板。双击 photograph 元件，将 photo 元件拖动到 photograph 元件上，设置为居中对齐。选中 photo 元件，将该实例名称命名为 photo。

（6）点"场景 1"按钮，打开"窗口"—"库"面板，将"库"中的 photograph 元件拖到舞台中，选中此元件并命名为 photograph1。

（7）重复第 6 步操作，将 photograph 元件分 2 次拖动到场景，并分别设置名称为 photograph2 和 photograph3。

（8）使用菜单"窗口"—"行为"，打开"行为"面板，单击面板上的"+"号，在弹出的菜单中选择"影片剪辑"—"加载图像"，打开"加载图像"对话框，如图 9.38 和图 9.39 所示。

236

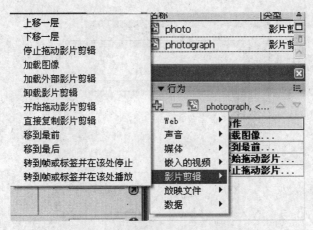

图 9.38　加载图像的行为面板

图 9.39　"加载图像"对话框

（9）在"输入要加载的*.JPG文件的URL"文本框内输入要导入的图像名称image3.jpg，在"选择要将该图像载入到哪个影片剪辑"的下拉列表中选择"photograph3"—"photo"元件，单击"确定"。并设置鼠标事件为"按下时"。

（10）选中 photograph3 元件，打开"行为"面板，单击面板上的"+"号，在弹出的菜单中选择"影片剪辑"—"开始拖动影片剪辑"，在打开的"开始拖动影片剪辑"对话框中选择 photograph3 元件，单击"确定"。并设置鼠标事件为"按下时"。

（11）选中 photograph3 元件，打开"行为"面板，单击面板上的"+"号，在弹出的菜单中选择"影片剪辑"—"移到最前"，在打开的"开始拖动影片剪辑"对话框中选择 photograph3 元件，单击"确定"。并设置鼠标事件为"按下时"。

（12）选中 photograph3 元件，打开"行为"面板，单击面板上的"+"号，在弹出的菜单中选择"影片剪辑"—"停止拖动影片剪辑"，在打开的"开始拖动影片剪辑"对话框中选择 photograph3 元件，单击"确定"。并设置鼠标事件为"释放时"。

（13）选择"文件"—"保存"。

（14）选择"文件"—"导出影片"，如图 9.40 所示（见电子素材库）。

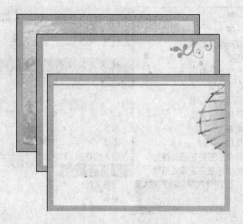

图 9.40　相册效果图

9.7　电影的优化、发布和导出

在输出动画之前，应该采取优化措施减少 Flash 动画的大小，以缩短 Flash 影片的下载及回放的时间。如果制作的 Flash 电影文件较大，常常会让网上浏览者在不断等待中失去耐心。对 Flash 电影进行优化就显得很有必要了，但前提是不能有损电影的播放质量。

9.7.1　电影的优化

对影片进行优化处理时，应遵循下面的原则。

（1）对于很多个类似的对象，或在动画中的多次出现的元素，应将其转化为元件，然后通过对此元件实例的变形、改变光亮度等操作重复使用。

（2）动画中尽量使用补间动画，避免使用逐帧动画。

（3）尽量使用 Flash 中支持的 MP3 格式的音频文件。

（4）导入的位图图像文件尽可能小一点，并以 JPEG 方式压缩。

（5）尽量不要将字体打散（菜单命令为"修改"—"分离"）。字体打散后就变成图形了，这样会使文件增大。

（6）电影的长宽尺寸越小越好。尺寸越小，电影文件就越小。可通过菜单命令"修改"—"电影"，调节电影的长宽尺寸。

（7）限制字体的使用，插入新的字体会增加体积。

（8）尽量避免在同一时间内安排多个对象同时产生动作。有动作的对象也不要与其他静态对象安排在同一图层里。应该将有动作的对象安排在各自专属的图层内，以便加速 Flash 动画的处理过程。

（9）尽量将对象组合。

（10）尽可能限制使用一些特殊的线条类型，如虚线、点线等。尽量使用实线或用铅笔工具绘制线条。

（11）尽量少使用过渡填充颜色。使用过渡填充颜色填充一个区域比使用纯色填充区域要多占 50B 左右。

（12）先制作小尺寸电影，然后再进行放大。为减小文件，可以考虑在 Flash 里将电影的尺寸设置小一些，然后导出迷你 SWF 电影。接着将菜单"文件"—"发布设置…"中 HTML 选项卡里的电影尺寸设置大一些，这样，在网页里就会呈现出尺寸较大的电影，而画质丝毫无损、依然优美。

9.7.2 Flash 8 的发布方式

1. 发布 Flash 文档的过程

（1）选择发布文件格式，并用"发布设置"命令选择文件格式设置。

（2）用"发布"命令发布 Flash 文档。

2. Flash 影片的发布设置

（1）选择"文件"—"发布设置"。

（2）在"格式"选项卡的"类型"选项区中选择预发布的文件格式，然后为选定格式的文件设置各项属性。

（3）用户可以为文件输入名称，如果不输入名称，用户可以单击"使用默认名称"按钮，将所有格式的文件使用默认的文件名，也可以单击右侧的文件夹图标，在弹出的对话框中选择文件的路径。

（4）在发布设置对话框中单击 Flash 标签，打开 Flash 选项卡。

（5）使用 Flash 选项卡用户可以改变以下设置。

版本：指定导出的电影将在哪个版本的 Flash Player 上播放。单击下拉列表框中的下拉箭头，打开版本下拉列表，选择 Flash 播放器版本。

防止导入：选中该项后，如果将此 Flash 放置到 Web 页面上，它将不能够被下载。

动作脚本版本：选择使用 ActionScript 的版本。

生成大小报告：选择此项在发布过程中生成一个文本文件，给出文件大小。

加载顺序：选择首帧所有层的下载方式。

JPEG 品质：确定影片中包含的位图图像应用 JPEG 文件格式压缩的比例。

压缩影片：选中该项后，在发布时对影片进行压缩。

允许调试：选中该项后，如果在动画播放过程中，系统探测到有影响下载性能的缺陷，可以自动对该缺陷进行调试，并进行自动优化。

音频流和音频事件：单击这两个选项的设置按钮，在声音设置对话框中用户可以指定播放时的声音的采样率和压缩方式。如果选中覆盖声音设置复选框，则设置对电影中的所有声音有效。

（6）如果想在浏览器中播放 Flash 电影，用户可以选择并设置的 HTML 选项卡。用于指定影片在浏览器窗口中出现的位置、背景色、电影尺寸等。

（7）设置完选项后，执行以下其中一项操作：

要生成所有指定的文件，单击"发布"。

要在 FLA 文件中保存设置并关闭对话框，而不进行发布，单击"确定"。

9.7.3 导出电影

使用"导出影片"命令可以将 Flash 文件导出为动画文件格式，如 Flash、QuickTime、Windows AVI 或 GIF 动画；也可以导出为多种静止的图像格式，如 GIF、JPEG、PNG、

BMP、PICT 等。

1. 将动画作为电影或序列导出的步骤

（1）选择"文件"—"导出"—"导出影片"命令，出现"导出影片"对话框。

（2）导出的电影命名。

（3）选择文件的保存类型，例如 Flash 影片（*.swf）、Windows AVI（*.avi）、QuickTime（*.mov）、GIF 动画（*.gif）

（4）单击"保存"按钮。

（5）在"导出设置"对话框中进行调整。

（6）单击"确定"按钮。

2. 导出图像

要将动画的单个帧作为图像导出，操作步骤如下：

（1）选择"文件"—"导出"—"导出图像"命令，出现"导出图像"对话框。

（2）为导出的图像命名。

（3）选择图像的保存类型后，单击"保存"按钮。

（4）在"导出设置"对话框中进行调整，单击"确定"按钮。

本 章 小 结

本章首先介绍了 Flash 8 的窗口组成、菜单组成、工具栏的组成、面板的基本操作等，然后详细叙述了使用 Flash 8 处理图片、创建来回运动的竖条动画、文字动态变化、图片上文字逐个显示、制作相册等。

实训　制作无背景的来回运动的竖条和创建动画

一、实验目的

（1）掌握创建动画的过程和应用。

（2）掌握来回运动竖条的制作。

（3）掌握图片上文字以不同方式显示的动画制作。

二、实训要求

（1）学会制作来回运动竖条。

（2）学会制作文字以不同的方式显示的动画。

（3）学会制作相册。

三、实训内容

1. 制作无背景的来回运动的竖条并插入到 Dreamweaver 中

（1）先设计好页面需插入来回运动竖条的单元格的高和宽，再制作运动的竖条。这样直接插入到页面中，不需要做任何修改。

（2）在实际应用中，为了随时更换背景图片。因此在制作网页时，将背景图片作为

240

单元格的背景，将透明运动的竖条插入到单元格中，并将其设为透明，代码提示：<param name="wmode" value="transparent">。

2. 在背景图片上创作文字逐个显示的动画

（1）把背景图片所在的层设为背景层，也就是在某一帧处插入关键帧。

（2）文字出现的间隔时间与文字之间相差多少帧数有关。

3. 用 ActionScript 创建相册并应用到实践中

（1）准备的照片素材应与保存的文件放在同一个文件夹中。

（2）舞台的中心点与元件的左上角顶点对齐，这样相框的边线才能显示。

（3）相框元件与存放照片的元件需居中对齐。

（4）存放照片的元件需加载图像行为。

（5）任意拖动照片需添加行为，应检查动作与事件标签是否保持一致。

4. 制作带底纹的文字

效果如图 9.41 所示。

图 9.41　带底纹的文字效果图

具体步骤如下：

（1）输入文字"HOW"，字体：Bookman old style，大小为 100。

（2）选中文字，使用菜单"修改"—"分离"两次。

（3）取消文字的选中状态，在"工具栏"中选择"墨水瓶"工具，在颜色区域中，将"笔触颜色"设置为黑色。完成设置后，将鼠标指针移动到第一个和第四个字母的边缘上单击，为文字填充黑色边框。

（4）使用"指针"工具按住 Shift 键选中第一个和最后一个字母。

（5）按 Delete 键删除所选填充，这时就能看到"墨水瓶"工具填充的边框。

（6）使用指针工具选中第三个字母，然后按键盘上的向左方向键，使该字母与第二个字母的边缘处重叠。

（7）使用"指针"工具，并按住 Shift 键选中所有的字母，执行"编辑"—"剪切"命令，准备将文字剪切到新的位置上。

（8）选择"文件"—"导入"—"导入到舞台"，然后对图片执行"修改"—"分离"—"编辑"—"粘贴"命令。

（9）使用"指针"工具在舞台的空白处单击，取消对文字的选中状态。在文字以外的地方单击，即可选中文字区域以外的背景图形，按 Delete 键删除。

（10）继续选择"指针"工具选中多余的填充区域，按 Delete 键删除。

5. 下落水滴

效果如图 9.42 所示。

具体步骤如下：

（1）确定场景大小及背景颜色。

（2）用椭圆工具，绘制笔触为无，填充为渐变色的椭圆。鼠标右击将该图形转换为"图形"元件，名称为"水滴"。

（3）绘制一个笔触为无，填充为黑、白放射性渐变椭圆。鼠标右击将该图形转换为"图形"元件，名称为"水纹"。

（4）回到场景 1 中，将"水滴"元件拖入，放在舞台的上方。在第 20 帧处"插入关键帧"，将"水滴"元件拖至下方，选中第 1 帧，创建"动画"动作。

（5）新建图层 2，将图层 2 拖到图层 1 的下面。

（6）在图层 2 的第 20 帧处"插入关键帧"，将"水纹"元件拖入场景下方合适位置。

（7）在图层 2 的第 40 帧处"插入关键帧"。

（8）选取图层 2 第 20 关键帧中的"水纹"元件，在"信息"面板中设"w=60，h=30"（或直接用变形工具将其缩小），然后在两关键帧间（20～40）创建"动画"动作。

（9）选取第 20～40 帧间的所有帧，并复制帧。

（10）新建图层 3，在第 25 帧处"粘贴帧"，并将第 41～60 帧间的所有帧移除。

（11）同理，新建图层 4、5 并在每个层中每间隔 5 帧粘贴复制的帧（既在图层 4 的第 30 帧，图层 5 的第 35 帧处粘贴帧）。

（12）按 Ctrl+Enter 键，保存。

图 9.42　水滴下落的效果图

第 10 章　ASP 简 介

【教学目标】

了解什么是 ASP 及 ASP 页面的执行过程；掌握 Web 服务器 IIS 的安装与配置，学会如何运行 ASP 页面。

10.1　什么是 ASP

20 世纪 80 年代末 90 年代初，Web 信息访问模式 Client/Server 结构发展起来了。在那个时候，用户通过客户端的浏览器或者其他资料访问接口发送 HTTP 请求，这些请求到达服务器后，服务器端会采取一种服务器端脚本技术对其进行运算，并且将运算的结果重新生成一个页面传输回用户浏览器。最初，这种访问模式一直是用 CGI（通用网关接口）技术。但是这种技术有相当大的缺陷。因为每个 HTTP 请求时，服务器都要重新启动一个进程，运行这个 CGI 程序来处理这个请求，这样就浪费了大量的服务器资源，使得服务器难以同时处理大量的访问。

ASP（Active Server Page）是 Microsoft 公司于 1996 年推出的一种 Web 应用技术，用于取代对 Web 服务器进行可编程扩展的 CGI 标准。ASP 既不是一种语言，也不是一种开发工具，而是一种技术框架。使用 ASP 可以创建以 HTML 网页作为用户界面，并能够与数据库进行交互的 Web 应用程序。

ASP 具有如下的主要特点：

（1）使用 VBScript、Java Script 等简单易懂的脚本语言，结合 HTML 代码，即可快速地创建网站的应用程序。默认的脚本语言是 VBScript，在安装了相应脚本引用后，还可以使用其他脚本语言。

（2）ASP 提供了些内置对象，使用这些内置对象可以增强 ASP 的功能。

（3）使用普通的文本编辑器，如 Windows 记事本，即可进行编辑设计。

（4）ASP 的源程序，不会被传到客户浏览器，因而可以避免所写的源程序被他人剽窃，也提高了程序的安全性。

ASP 应用程序的执行过程如下：

（1）当用户在浏览器的地址栏中输入所要访问的 ASP 页面地址并按回车键后，浏览器将这个网页的请求发送到 Web 服务器。

（2）Web 服务器接收到这些请求并根据扩展名（如*.asp）判断出所请求的是动态网页文件，然后服务器从当前硬盘或内存中读取相应的文件。

（3）Web 服务器将根据这个动态网页从头到尾执行，并根据执行结果生成相应的 HTML 文件（静态文件）。

（4）HTML 文件被回送到用户浏览器，用户浏览器解释这些 HTML 文件并将结果显示出来。

10.2 安装与配置 ASP 的运行环境

10.2.1 ASP 的运行环境

ASP 的运行环境离不开 Web 服务器的支持。服务器的硬件配置除了要符合操作系统的需求外，还应该安装一块或多块网卡，也可以通过安装虚拟网卡来实现。在软件方面，必须正确安装和设置 TCP/IP 网络协议、Web 服务器软件。

在 Windows 平台上最常用的 Web 服务器软件是 IIS（Internet Information Server）。它既可以充当一个网络服务服务器，进行网络管理，向 Internet 上的用户提供 Web 服务，也可以很方便地为个人计算机提供完善的 ASP 程序开发服务。在 Windows XP/2003 操作系统中一般要安装 IIS 5.0 及以上版本支持 ASP 的运行。对开发者而言，IIS 各个版本之间的区别并不大，本章以 Windows XP 操作系统为例来讲解 IIS 5.1 的安装与配置。

10.2.2 安装 Web 服务器软件 IIS

IIS 5.1 是 Windows XP 的内置组件，在安装 Windows XP 时可以选择安装。如果在装系统时没有选择安装 IIS，则可以通过以下步骤安装。

（1）选择"开始"—"设置"—"控制面板"—"添加删除程序"命令，出现"添加或删除程序"对话框，如图 10.1 所示。

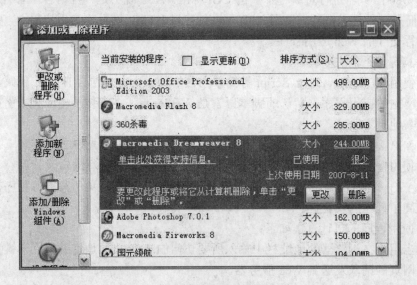

图 10.1 "添加或删除程序"界面

（2）在"添加或删除程序"对话框中单击左侧的"添加/删除 Windows 组件"选项，出现"Windows 组件向导"对话框，如图 10.2 所示。

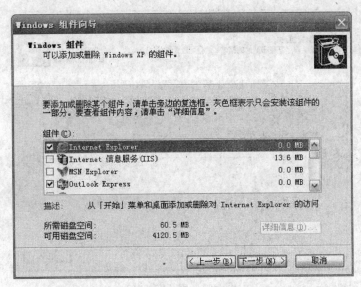

图 10.2 "Windows 组件向导"对话框

（3）在"Windows 组件向导"对话框中选中"Internet 信息服务（IIS）"复选框，然后单击"详细信息"按钮，出现如图 10.3 所示的"Internet 信息服务（IIS）"对话框。

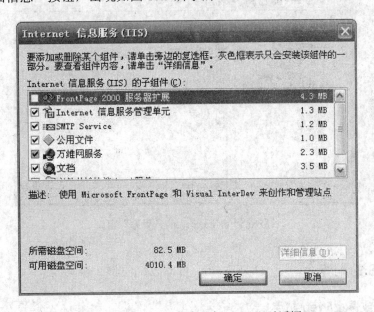

图 10.3 "Internet 信息服务（IIS）"对话框

（4）选择需要安装的组件，可以使用默认状态，单击"确定"按钮回到图 10.2 所示界面，单击"下一步"按钮开始进入安装界面，如图 10.4 所示。

（5）在安装过程中需要插入"Windows XP"的安装光盘，根据向导提示进行操作即可。安装完成后，选择"开始"—"设置"—"控制面板"—"管理工具"—"Internet 服务管理器"命令，启动"Internet 信息服务"窗口，如图 10.5 所示。

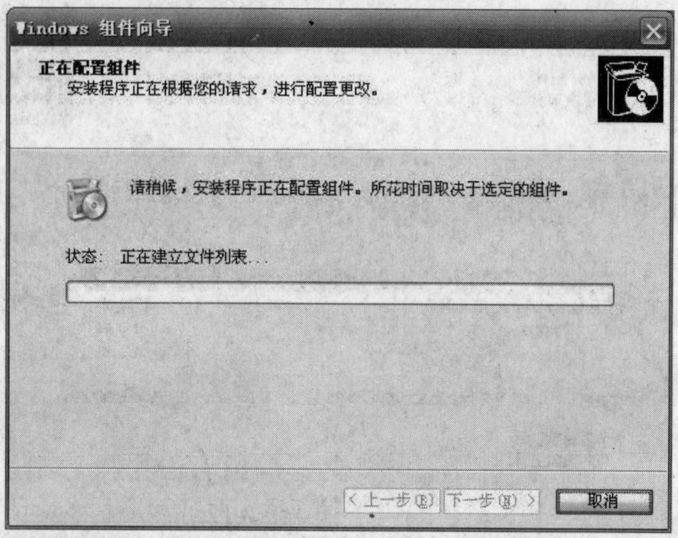

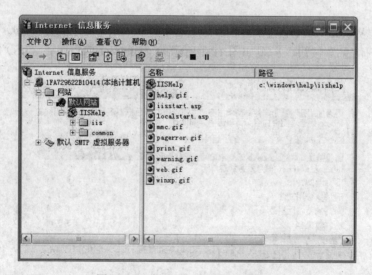

图 10.4 正在安装 IIS

图 10.5 "Internet 信息服务"窗口

10.2.3 IIS 的配置

1. 启动或停止 Web 站点

在系统安装上 IIS 后，默认情况下每次 Windows 系统启动 IIS 都会自动启动提供服务。用户也可以根据需要停止或重新启动 IIS 提供的服务。在图 10.5 中，右击"默认站点"，会弹出如图 10.6 所示的菜单，选择相应的命令即可。

2. 设置 Web 站点

在"Internet 信息服务"窗口中，右击"默认站点"，在弹出的快捷菜单中选择"属性"命令，将出现"默认网站 属性"对话框，"网站"选项卡如图 10.7 所示。

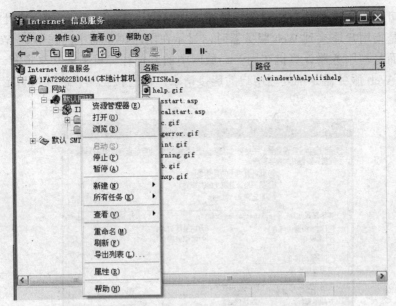

图 10.6　启动或停止站点

图 10.7　"网站"选项卡

1）设置"网站"选项卡

图 10.7 中，"描述"文本框可以指定 Web 站点的说明信息。"IP 地址"下拉列表中列出了本机所有的 IP 地址，如果指定了某个 IP 地址，那么该站点只能响应该 IP 地址的 Web 访问。"TCP 端口"是 Web 服务器运行的端口号，服务器默认值是 80，一般不需要对端口号进行修改。

2）设置 Web 站点的主目录

"主目录"选项卡如图 10.8 所示。每个 Web 站点都必须有一个主目录，主目录是存放网站文件的主要场所。当用户连接到 Web 服务器时，服务器自动打开的文件目录应当处于本计算机，默认 Web 站点的主目录是在系统盘根目录下的 inetpub\wwwroot 文件夹下，用户也可以单击"浏览"按钮选择设置本地路径为其他目录。"另一个计算机上的共享位置"是指用户连接到 Web 服务器时，显示在用户浏览器中的并不是 Web 服务器上的资源，而是与服务器计算机在同一局域网中的其他计算机上的共享资源。"重定向到 URL"指 Web 服务器并不处理用户的连接请求，而直接把用户的连接重定向到另外一个 URL。

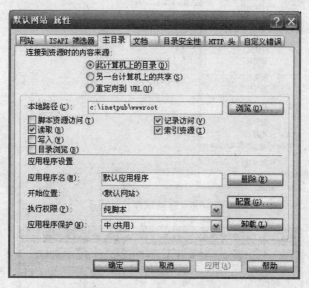

图 10.8 "主目录"选项卡

用户可以单击"配置"按钮来进行进一步的配置，如图 10.9 所示。"选项"属性页里要选中"启用父路径"，可以用"./"来表示，但是如果不选中该选项，可能访问不了父路径。同时"默认 ASP 语言"设置是 VBScript，也可以设置为"Java Script"。

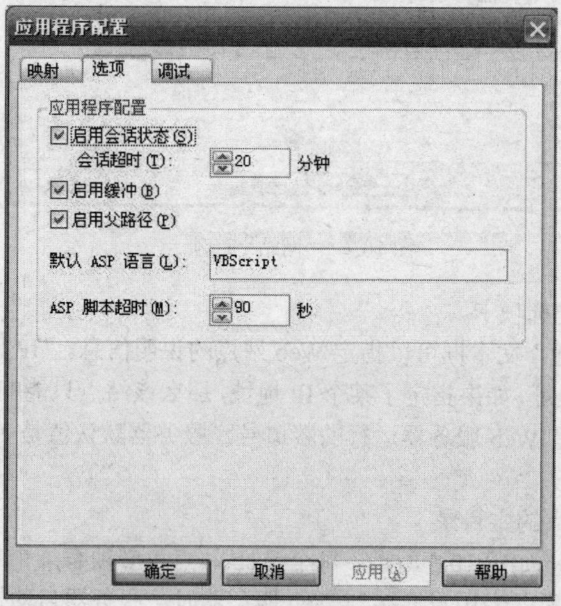

图 10.9 应用程序配置

3）设置"默认"文档

默认文档是当用户从浏览器中请求服务器时，通常只需输入服务器的域名或者 IP 地址，就可访问"默认"的文档。在默认文档的列表中，IIS 默认提供了 3 个文件名：Default.htm、Default.asp 和 iisstart.asp，如图 10.10 所示。Web 服务器会在 Web 站点的根目录下按照顺序从上到下寻找这 3 个文件，找到一个便停止，然后解释该页面并把结果显示给客户端。可以调整这些文件名的顺序，也可以单击"添加"按钮，添加新的文件。

图 10.10 "文档"选项卡

3. 设置虚拟目录

虚拟目录并不是真实存在的 Web 目录，但虚拟目录与实际存储在物理介质上、包含 Web 文件的目录之间存在映射关系。每个虚拟目录都有一个别名，用户通过浏览器访问虚拟目录的别名时，Web 服务器会将其对应到实际的存储路径上。在站点上设置虚拟目录，在一定程度了能保证 Web 站点的安全。

（1）创建虚拟目录。右击"默认站点"或其他站点，在弹出的快捷菜单中选择"新建"—"虚拟目录"命令。出现"虚拟目录创建向导"对话框，单击"下一步"按钮，出现如图 10.11 所示的界面。输入虚拟目录的别名，单击"下一步"按钮，按照向导提示进行操作即可。

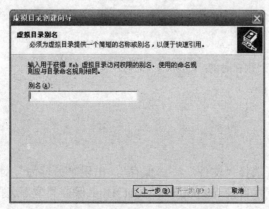

图 10.11 "虚拟目录别名"界面

（2）创建虚拟目录完成后，可以根据需要设置虚拟目录的属性了。在"Ineternet 信息服务"窗口中右击相应的虚拟目录，在弹出的快捷菜单中选择"属性"命令，将打开"虚拟目录"属性对话框，如图 10.12 所示。

图 10.12　"虚拟目录"属性对话框

其设置方法与 Web 站点的设置类似。

10.2.4　编写简单的 ASP 文件

在安装配置好 ASP 的运行环境后，就可以编写测试 ASP 的页面了。

（1）选择"开始"—"程序"—"附件"—"记事本"命令，打开记事本，编写如下的一段代码：

```
<html>
<head>
  <title>ASP 页面测试</title>
</head>
<body>
<%
  response.write "现在时刻："
  response.write now()
%>
</body>
</html>
```

（2）在记事本中，选择"文件"—"保存"，出现"另存为"对话框，如图 10.13 所示。把文件保存到站点主目录 inetpub\wwwroot 中，"保存类型"选择"所有文件"，文件名为 test.asp。

图 10.13　"另存为"对话框

（3）在"IIS 信息服务"窗口中右击文件 test.asp，在弹出的快捷菜单中选择"浏览"命令，可运行此文件。或者在浏览器地址栏中输入 URL 地址：http://localhost/test.asp，也可运行此文件，运行结果如图 10.14 所示。

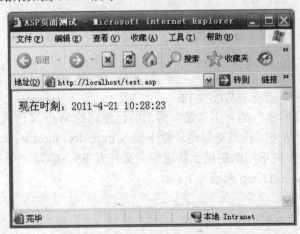

图 10.14　test.asp 文件的运行结果

本 章 小 结

本章先介绍了 ASP 的概念、特点及 ASP 页面的执行过程，然后详细讲述了 ASP 运行环境、IIS 的安装与配置，最后通过一个实例讲解了 ASP 页面的编写与运行方法。

实训　IIS 安装与配置

一、实训目的

掌握 Web 服务器的安装与配置，以及 ASP 文件的编写方法与运行方法。

二、实训要求

（1）学会 IIS 的安装与配置。

（2）学会创建及保存 ASP 文件。

（3）学会运行 ASP 文件的方法。

三、实训内容

（1）新建一个站点文件夹 Web。

（2）用记事本编写一个 ASP 文件，命名为 test1.asp，保存到文件夹 Web 下。Test1.asp
源码如下：

```
<html>
<head>
 <title>ASP 示例测试</title>
</head>
<body>
 下面一行是用 ASP 编程进行页面输出的:<br>
 <%
 response.write "欢迎您学习 ASP!"
 %>
</body>
</html>
```

（3）用本章所述方法安装与配置 IIS。

（4）设置"默认网站"的"主目录"为前面已建立的 Web 文件夹，在浏览器中测试
test1.asp 文件的运行结果。在浏览器地址栏中输入 http://localhost/test1.asp，并按回车键。

（5）在 Web 文件夹不同的磁盘上新建一个文件夹 SS，编写一个 ASP 页面 test2.asp
保存在 Web 文件下，test2.asp 源码如下：

```
<html>
<head>
 <title>ASP 示例测试</title>
</head>
<body>
 今天是:<%=date( )%>
</body>
</html>
```

（6）在"Internet 信息服务"窗口中，右击"默认站点"新建一个虚拟目录，虚拟目
录命名为 vv，虚拟目录路径定位到 SS 文件夹路径。在浏览器地址栏中输入
http://localhost/test2.asp，并按回车键。

（7）在"Internet 信息服务"窗口中，在"文档"选项卡在添加默认文档 test1.asp，
在浏览器地址栏中输入 http://localhost，并按回车键，查看结果。

（8）实训总结与分析。

参 考 文 献

[1] 杨尚森. 网页设计与制作——MX2004（第 2 版）. 北京：电子工业出版社，2007.

[2] 杨尚森. 网页制作技术. 北京：人民邮电出版社，2008.

[3] 计算机教育图书研究室. 网页制作三剑客. 北京：航空工业出版社，2005.

[4] 汪晓平，钟军. ASP 网络开发技术. 北京：人民邮电出版社，2003.

[5] 汪晓平. ASP 网络开发技术（第 2 版）. 北京：人民邮电出版社，2003.

[6] 易枚根. Dreamweaver MX 2004 网页设计与网站建设. 北京：机械工业出版社，2005.

[7] 高林. Macromedia Dreamweaver MX 2004 标准教程. 北京：科学出版社，2004.

[8] 王峰. Flash MX 2004 动画制作图解教程. 北京：中国铁道出版社，2005.

[9] 高林. Macromedia Flash MX 2004 标准教程. 北京：科学出版社，2004.

[10] 贾志铭. Fireworks 网页设计专家门诊. 北京：清华大学出版社，2004.